JN105931

第3版

熱力学の基礎

森成隆夫 著

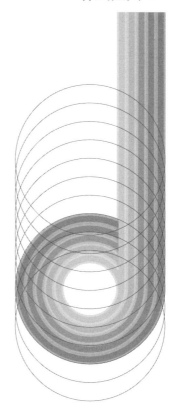

大学教育出版

はしがき

　「熱力学はわかりにくい」，大学で熱力学を学んだ，ほとんどの人が持つ印象である．たとえば「十分な時間をかけてゆっくりとピストンを動かす」という準静的過程なるものが導入され，大いに戸惑う．また，微分記号の d と区別した微分らしきもの（d' などと書かれる）が導入され，不安を感じる．さらにエントロピーという，なんだか実態のつかめない量が現れる．講義を最後まで受けても，わかった気がしない．その後，物理の学生であれば，統計力学を学んでエントロピーが乱雑さに関係しているということを知る．そこでなんとなくわかった気になる．

　このような熱力学への印象は，学生に限らない．物理の研究者として第一線で活躍している研究者でも同様である．大学で熱力学を講義しているというと，「熱力学を教えるのはたいへんでしょう」と同情される．その一方で，熱力学は非常に重要な学問体系である．熱力学は驚くほど普遍的で，適用範囲が広い．物理現象の微視的詳細によらない，一般的な結論が得られる．応用の面でも，エンジンなど熱機関の効率の理論的限界が，熱力学を用いて決定できる．

　熱力学の教科書はこれまで数多く出版されている．それにもかかわらず，なぜ新たに熱力学の教科書を世に送り出すのか？熱力学を大学で講義するにあたり，当初，すでに出版されている教科書を基本に据えて講義しようと試みた．しかし，ひどくやりづらく，成功したとは言いがたかった．不満を感じたのは，論理的な一貫性と概念を導入する際の必然性である．

　これらの点に配慮した初学者にとってわかりやすい教科書，というのが本書の掲げる目標である．京都大学で熱力学を一年中講義している経験をもとに，原稿を書き上げた．本書を読んで，熱力学の素晴らしさと面白さを知っていただければ幸いである．

　最後に，出版までご尽力いただいた大学教育出版編集部の方々に厚く御礼申し上げる．

2020 年 2 月

森成隆夫

熱力学の基礎 第3版

目　次

はしがき

1. はじめに

1.1. 高校で学んだ熱力学

　本書では大学で学ぶ熱力学について説明していく．しかし，その説明に入る前に，高校で学んだ熱力学を簡単に復習しておこう．高校の段階でも，熱力学に関していろいろなことを学んでいる．

　まず，熱の正体が物質を形作る分子や原子の運動であることを学ぶ．この点について，教科書ではあっさり書いてある．しかし，分子や原子の概念が確立してから，実はたかだか 100 年くらいしかたっていない．有名なアインシュタイン（A. Einstein）も原子論の確立に重要な貢献をしている．

　熱が関与する現象において，熱はあたかも保存しているかのように振舞う．50℃の水 100g と 80℃の水 100g を混ぜたときの温度を考えよう．水が冷める効果などを無視して単純に考えると，答えは 65℃である．この答えを導くにあたり，熱が保存することを仮定している．温度と重さをかけた量を熱とみなせば，50℃の水 100g が持っている熱を 5000℃・g，80℃の水 100g が持っている熱を 8000℃・g と考えて，（5000+8000）℃・g =13000℃・g を 200g でわると 65℃となる．

　しかし，混ぜた後で容器をこするというように，外から仕事を加えるとこのような計算はできなくなる．仕事によって熱を生み出すことができるからである．したがって，一般に熱の総量というものがあって，それが保存しているということは言えない．A という状態から B という状態へ変化したとき，状態 B で持っている熱は状態 A で持っている熱との差だけ，外から熱を得た，ということは言えない．外から仕事をされることでも熱が発生するからである．熱は，変化前と変化後の 2 つの状態を比較するだけで決まる量ではない．

　一方，熱を仕事に変換することができる．火にかけたやかんから出る蒸気で，風車をまわすことができる．火による熱が風車をまわす仕事に変わっている．仕事に加えて，熱も考慮した上でのエネルギー保

存則が，熱力学第1法則である．

　熱が関与する場合に，状態がどのように変化するかを述べた法則が熱力学第2法則である．熱は高温の物体から低温の物体へ移動する．お湯にいれた氷がさらに大きくなることはない．氷は周囲のお湯から熱を受け取り，どんどん小さくなっていく．これが熱力学第2法則である．

　熱現象に関する定量的な計算は，もっぱら理想気体を用いて行われる．理想気体の状態方程式と内部エネルギーの表式を駆使して，さまざまな問題に格闘されたことと思う．

1.2. 大学で学ぶ熱力学

　高校で学んだ熱力学と大学で学ぶ熱力学との違いはなんだろうか．表面的に目につくのは，微積分の多用であろう．これは熱力学に限らず，大学で学ぶ物理学全般について言える．高校の物理についても，微積分を用いれば簡潔に理解できることが少なくない．しかし，高校の課程で微積分を用いることは禁じ手とされている．

　大学で学ぶ熱力学の魅力のひとつは，理論体系としての熱力学のすばらしさを味わえることである．前述のように現代的な熱の理解は，分子や原子の運動である．しかし，熱力学の体系自体は，物質が分子や原子などから構成されているという事実は必要としない．したがって，分子や原子の世界で起こりうるさまざまな運動の形態によらない，普遍的な法則が導き出される．この普遍性が，極めて強力なのである．

　熱を記述するために，エントロピーが導入される．前節で述べたように，熱そのものについては，変化前と変化後の2つの状態を比較するだけで，外から与えられた熱が決まる，ということはない．一方，変化前と変化後の2つの状態の比較のみで，外からどのような変化がもたらされたかが決まる量を**状態量**とよぶ．熱は状態量ではないために，そのままでは扱いにくい．そこで，熱に関係する量でありながら，状態量として振舞うエントロピーが導入される．熱力学の体系は，エントロピーを中心にすえると最も見通しがよくなる．

　熱力学の発展を後押しした問題のひとつが，熱機関の効率の問題である．石炭を燃焼させて動力を得る，蒸気機関などの熱機関について，最大の熱効率がどれくらいかということが問題になった．この問題について，熱力学は明快な答えを与える．驚くべきことに，効率の最大値がわかるのである．しかも，どのような熱機関を用いるかといった詳細によらない．

　熱力学についてもう1つ強調しておきたいことは，熱力学は我々の世界観の基礎を与えることである．熱力学第2法則は，エントロピー増大の法則という形で記述される．簡単化して述べると，秩序だった世界は，どんどん無秩序化していくということである．いかに整理整頓された部屋でも，努力を怠れば散らかっていく．大学受験にそなえて懸命に勉強したとしても，大学で遊んでしまっては，思考はどんどん散漫になっていく．歴史的建造物は，保全の努力を怠ればどんどん風化していく．放っておくと，世界はどんどん混沌とした世界に近づいていく．

　世界を変化させていく方向性として，熱力学第2法則が存在している．その一方で，世界は秩序だったものにあふれている．生命現象はその顕著な例である．放っておけば，どんどん無秩序化していくはずなのに，生物の仕組みはおどろくほど精密で秩序だっている．熱力学第2法則を会得した者とそうでない者の目には，世界はまったく違ってみえるはずである．

　次章から本題に入るが，高校で慣れ親しんでいる理想気体の記述から始めよう．

2. 理想気体の熱力学

　熱力学を一度にすっきりと記述できれば簡単である．しかし，このやり方だと，どうしてもわかりにくい部分が出てくる．そこで，まず理想気体に限定して熱力学を論じる．そして，次の章で改めて熱力学の体系を説明する．二度手間のようだが，初学者にとってはこのやり方がもっともわかりやすいと考えられる．このような学習の仕方は，あたかもらせん階段を登るようである．元の場所に戻ってくるが，ひとつ高い視点から観ることができる．物理の学問体系を学ぶ上で，らせん階段方式は不可避的なやり方である．

2.1. 熱平衡状態

　熱力学の対象として，まず理想気体を考えるのだが，理想気体というだけで何も条件は必要ないだろうか？ 2つ必要な条件がある．1つめの条件は気体分子の数に関する条件である．

　状況を明確にするために孤立系を考える．すなわち着目している理想気体が孤立して存在している場合である．具体的に，熱を通さない断熱壁で囲まれた，体積 V の容器に封入された理想気体を考えよう．言葉の定義として，考察する対象となる物理系を単に系と呼ぶことにする．

　さて，気体分子の数についての条件を吟味しよう．気体分子の数を N とする．まず，極端な場合として $N=1$ の場合を考える．このような系は熱力学で扱う対象だろうか？答えは否である．ただ1つの気体分子の系は，熱力学が対象とする系ではなく，ニュートン力学が対象とする系である．では，なぜ熱力学での対象となりえないのだろうか？

　まず，気体分子の密度を考えてみよう．理想気体を封入している容器が図 2-1 のように直方体の形であるとする．直方体のある一辺にそって，図のように x 軸をとる．N が 10 個とか 100 個の場合に，気体分子数密度の x 依存性を考えると，滑らかな関数とはなりえない．場所ごとに，気体分子が多いところもあれば，少ないところもある．

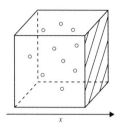

図 2-1

　具体的に計算をしてみよう．x軸方向の系の長さをLとする．5分割して，幅$L/5$毎の気体分子数の密度ρを計算する．図 2-2(a)のように気体分子が分布しているとして計算すると，図 2-2(b)のようになる．このように気体分子の数が少ないと密度は一様とみなせない．

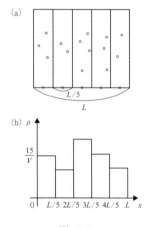

図 2-2

　次に，気体の圧力Pを考えてみよう．図 2-1 の斜線を施した壁が，気体分子から受ける圧力を考える．気体分子が壁に衝突したときに，壁は圧力を受ける．気体分子の数が少なければ，圧力は時間的に変動することになる．

　熱力学として対象とする系は，気体分子の密度が一様で，壁が気体分子から受ける圧力が時間によらず一定の系である．そのためにはNが十分大きければよい．熱力学ではNが十分に大きいと仮定する．理想的には$N \to \infty$の系を考える．$N \to \infty$の極限をとることを，**熱力学的**

極限をとるという.

　密度と圧力について考察したが，温度はどうであろうか．容器内の理想気体の物質量を n，気体定数を R，温度を T とすると，理想気体の状態方程式は

$$PV = nRT$$

である．気体の全質量を M，気体分子の分子量を m とすると，$n = M/m$ である．したがって，状態方程式は数密度 $\rho = M/V$ を用いて

$$T = \frac{mP}{R\rho}$$

と書ける．m, R は定数だから，P, ρ が系全体にわたり一様で一定であれば，温度も系全体で一様で一定となる．

　熱力学で対象とする系がみたすべき，もう１つの条件は，**熱平衡状態**の存在である．これが２つめの条件である．理想気体における熱平衡状態とは，密度と圧力が一様で時間的に変化しない状態である．前述のように，密度と圧力が一様で一定であれば，温度も一様で一定である．

　断熱壁で囲まれた容器内の理想気体において，局所的に理想気体の密度が高い状態が形成されたとする．十分な時間が経過すれば，局所的な密度の不均一は拡散し，全系で密度が一様な熱平衡状態が実現すると期待される．どの程度の時間が経過すれば，熱平衡状態が実現するかを明らかにするのは簡単な問題ではない．熱力学ではこの点には立ち入らずに，有限の時間で熱平衡状態が実現すると仮定する．熱平衡状態が存在しない系，あるいは，熱平衡状態に到達するまでに相当の時間を有する系[1]は，単純な熱力学では扱えない．

2.2. 変化の過程と準静的過程

　次に，系をある熱平衡状態から他の熱平衡状態へ変化させることを考えよう．体積や圧力など，理想気体の状態を記述する変数の変化が

---

　[1] 例えば，ガラスでは密度が一様になるまでに数百年単位の時間がかかる．

無限小である過程を**無限小過程**とよぶ．熱力学では，ある熱平衡状態から出発してさまざまな過程を経て，最初の熱平衡状態に戻る過程を問題にすることが多い．このような過程を**サイクル**あるいは循環過程とよぶ．

　熱平衡状態から他の熱平衡状態へ変化させる過程において，熱平衡状態を保ちつつ変化させる過程を，特に**準静的過程**という．図 2-3 のようにピストンがついた容器に入っている理想気体を，ピストンを動かして圧縮する過程を考えよう．

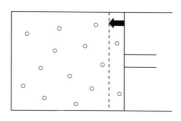

図 2-3

　ピストンを少しずつ動かしていくとする．ピストンをわずかに動かしたとき，容器内に気体分子の流れが発生することがありえる．しかし，流れが発生したとしても，十分な時間が経過すれば密度が一様で圧力が一定の熱平衡状態に落ち着くであろう．このように，ピストンをわずかに動かした後，十分な時間が経過して系が熱平衡状態に到達するまで待つ．そして，さらにピストンを動かす．このように系に微小な変化を与えた後，十分な時間が経過して熱平衡状態が実現するまで待ち，そして次の操作を与えるといった過程を準静的過程とよぶ．

　現実に問題となる変化の過程は，準静的過程からはほど遠く，熱平衡状態ではない状態が間に介在する．そうした現実的状況に即して理論を構築していくのは，ほとんど不可能である．そこで，準静的過程という理想化された変化の過程[2]を考えて，理論の基礎を構築していく．

---

[2] 力学の問題では当たり前のように抵抗の存在を無視する．しかし，実際の物体の運動では，必ず何らかの抵抗があり，無抵抗の運動は存在しない．熱力学での準静的過程も同様の理想化を行なっていると考えればよい．

準静的過程が断熱的に行われるとき，**準静的断熱過程**とよぶ．系を温度が一定の巨大な系（**熱浴**とよぶ）に接触させて，温度一定のもとで変化させる過程を**準静的等温過程**とよぶ．

準静的過程は，熱平衡状態を保ちつつ変化させる過程である．したがって，逆向きに変化させることが可能である．このように，逆向きに変化させることが可能なことを**可逆**とよび，可逆な過程を**可逆過程**とよぶ．

2.3. 熱力学第 1 法則

理想気体に，外から断熱的に仕事 W を与えたとする．このとき，系のエネルギーは，外から与えた仕事の分だけ増加する．系のエネルギーを U と書くと，エネルギーの増加分は

$$\Delta U = W$$

である．この等式自体は，準静的過程でなくても成り立つ．単なるエネルギーの保存則である．外から与えた仕事によって増加する系のエネルギー U を**内部エネルギー**とよぶ．

具体的に n モルの単原子分子理想気体を考えてみよう．高校で学んだように，断熱過程では $PV^\gamma = const.$ である．単原子分子理想気体では $\gamma = 5/3$ である．この等式は改めて証明する．理想気体の体積を ΔV だけ変化させるために外から与えた仕事を ΔW と書くと，

$$\Delta W = -P\Delta V$$

である．

符号は，理想気体が外から与えられる仕事を正としている．$\Delta V < 0$ であれば，理想気体は外から仕事をされるので $\Delta W > 0$ となる．

最初の熱平衡状態の圧力，体積，温度がそれぞれ P_0, V_0, T_0 だったとする．仕事を加えた後の圧力，体積，温度を P, V, T とする．断熱過程だから，$P_0 V_0^\gamma = PV^\gamma$ が成り立つ．加えた仕事 W は

$$W = -\int_{V_0}^{V} dV P = -\int_{V_0}^{V} dV \left(\frac{V_0}{V}\right)^\gamma P_0 = \frac{3}{2} P_0 V_0 \left[\left(\frac{V_0}{V}\right)^{\frac{2}{3}} - 1\right]$$

となる．なお，積分における無限小変化分（上の積分では dV）を積分

記号（$\int$）のすぐ後ろに書くことにする．

　理想気体の状態方程式 $PV = nRT$ と $P_0V_0^\gamma = PV^\gamma$ から，$T_0V_0^{\gamma-1} = TV^{\gamma-1}$ が

成り立つから，この結果は

$$W = \frac{3}{2}nRT - \frac{3}{2}nRT_0$$

と書ける．右辺の第2項は変化前のエネルギーで，第1項は変化後の
エネルギーである．すなわち，内部エネルギーは

$$U = \frac{3}{2}nRT$$

となる．この表式は，高校で学んだ単原子分子理想気体の内部エネル
ギーの表式と当然ながら一致する．ただし，エネルギーの原点は $T = 0$
で $U = 0$ となるように選んでいる．

　さて，上記のように，断熱過程における内部エネルギーの増加分 ΔU
は，外から加えた仕事 W に等しい．一方，仕事ではなく熱を加えても
内部エネルギーを増加させることが可能である．仕事と熱の両方を系
に与えたとする．系に与えた仕事が W で，内部エネルギーの変化分が
ΔU のとき，与えた熱 Q は

$$Q = \Delta U - W$$

となる．これが熱力学における**熱の定義**である．系の内部エネルギー
の変化分から，系に与えた仕事を差し引いた分が，外から系に与えた
熱ということになる．右辺第2項を移行して，

$$\Delta U = Q + W$$

とも書ける．この等式を**熱力学第1法則**とよぶ．熱力学第1法則は仕
事と熱を含めたエネルギー保存則，ということができる．

　無限小過程については，Q, W の無限小量をそれぞれ $d'Q, d'W$ と書い
て

$$dU = d'Q + d'W \tag{1}$$

となる．微小変化分の記号 d と d' の違いは，数学的には**全微分**と**不完**

全微分の違いである.

　全微分と不完全微分について説明しよう. まず, 全微分を説明する. 変数 x, y の関数 $f(x,y)$ を考える. x, y をそれぞれ $x+dx, y+dy$ に変化させたとする. このとき, $f(x,y)$ の変化分を df と書くと,

$$df = f(x+dx, y+dy) - f(x,y)$$

である. x に関する**偏微分**および y に関する偏微分をそれぞれ

$$\frac{\partial f}{\partial x} = \lim_{h \to 0} \frac{f(x+h,y) - f(x,y)}{h}$$

$$\frac{\partial f}{\partial y} = \lim_{h \to 0} \frac{f(x,y+h) - f(x,y)}{h}$$

で定義する. なお, 簡略化した記号として

$$f_x = \frac{\partial f}{\partial x}, \qquad f_y = \frac{\partial f}{\partial y}$$

といった表記も用いられる. 上の偏微分の定義式で, h について $h \to 0$ の極限をとっているが, この極限をとった量を無限小の量として dx あるいは dy と書いて

$$\frac{\partial f}{\partial x} = \frac{f(x+dx, y) - f(x,y)}{dx}$$

$$\frac{\partial f}{\partial y} = \frac{f(x, y+dy) - f(x,y)}{dy}$$

と書こう. これらを用いると,

$$df = \frac{f(x+dx, y+dy) - f(x, y+dy)}{dx} dx + \frac{f(x, y+dy) - f(x,y)}{dy} dy$$

となる. 右辺第1項で $y+dy$ とあるが, すでにこの項全体に無限小の dx がかかっているので, これら無限小量の1次の範囲内では, $y+dy$ を y に置き換えてよい. すなわち,

$$\frac{f(x+dx, y+dy) - f(x, y+dy)}{dx} dx = \frac{f(x+dx, y) - f(x,y)}{dx} dx$$

よって

$$df = \frac{\partial f}{\partial x}dx + \frac{\partial f}{\partial y}dy$$

となる.

　さて, この式の右辺のように無限小量 dx, dy と x, y の関数からなる量を考察しよう. 一般的に

$$A(x,y)dx + B(x,y)dy \tag{2}$$

と書こう. まず, 上式の df については

$$A(x,y) = \frac{\partial f}{\partial x}, \quad B(x,y) = \frac{\partial f}{\partial y}$$

である. このとき,

$$\frac{\partial A}{\partial y} = \frac{\partial B}{\partial x} \tag{3}$$

が成り立つことがわかる. なぜならば,

$$\frac{\partial A}{\partial y} = \frac{\partial}{\partial y}f_x = \frac{f_x(x,y+dy) - f_x(x,y)}{dy}$$

$$= \frac{1}{dy}\left[\frac{f(x+dx,y+dy) - f(x,y+dy)}{dx}\right] - \frac{1}{dy}\left[\frac{f(x+dx,y) - f(x,y)}{dx}\right]$$

$$= \frac{1}{dx\cdot dy}\left[f(x+dx,y+dy) - f(x,y+dy) - f(x+dx,y) + f(x,y)\right]$$

となるが, 一方,

$$\frac{\partial B}{\partial x} = \frac{\partial}{\partial x}f_y = \frac{f_y(x+dx,y) - f_y(x,y)}{dx}$$

$$= \frac{1}{dx}\left[\frac{f(x+dx,y+dy) - f(x+dx,y)}{dy}\right] - \frac{1}{dx}\left[\frac{f(x,y+dy) - f(x,y)}{dy}\right]$$

$$= \frac{1}{dx\cdot dy}\left[f(x+dx,y+dy) - f(x+dx,y) - f(x,y+dy) + f(x,y)\right]$$

であるから, 式(3)が成り立つことがわかる.

　このように式(2)において, 式(3)が成り立つ場合を全微分とよぶ. 式(2)において, 式(3)が成り立たない場合を不完全微分とよぶ. たとえば,

$$ydx + dy$$

を考えよう. この式は式(2)において $A = y, B = 1$ とおいた場合である. 式(3)が成り立たないことは容易にわかる. このように式(3)を満たさな

い無限小量は全微分としては書けないが，無限小量であることには変わりがない．そこで，全微分でない無限小量を表すために，d'という記号を用いる．全微分と不完全微分の違いに関係する，物理的な違いは次節で明らかになる．

【問題】単原子分子理想気体の断熱過程について，$PV^{5/3}$が一定であることを示せ．

【解答】断熱過程では$d'Q = dU + PdV = 0$である．単原子分子理想気体について，$U = \dfrac{3}{2}nRT = \dfrac{3}{2}PV$ が成り立つから，$dU = \dfrac{3}{2}(PdV + VdP)$．よって

$$\frac{3}{2}(PdV + VdP) + PdV = 0$$

整理して

$$\frac{dP}{P} = -\frac{5}{3}\frac{dV}{V}$$

両辺を積分すると

$$\log P = -\frac{5}{3}\log V + const.$$

よって，理想気体の断熱過程において$PV^{5/3}$が一定である．

2.4. 熱に関係する状態量，エントロピー

前節でみたように，熱Qの無限小量は不完全微分であり，$d'Q$と書く．無限小量が不完全微分で表される量は状態量ではない．このことを数学的に示そう．また，無限小量が不完全微分であるものから全微分である無限小量を構築することが可能である．この点についても以下に示す．本節で，熱に代わる状態量としてエントロピーが導入される．

全微分は状態量と関係している．一方，不完全微分にはそのような性質はない．具体的に計算で示そう．式(2)によって与えられる無限小量の変化分を経路にそって積分してみる．図 2-4 に示すように，原点

O から点 $K : (1,1)$ を結ぶ，経路 $C_1 + C_2$ と経路 C_3 の 2 つの経路で積分しよう．正確には線積分とよばれる積分だが，以下に示すように線積分は 1 次元の積分に帰着される．

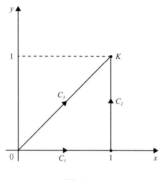

図 2-4

まず，全微分の場合を計算する．具体的に，$A = y, B = x$ ととる．この場合に，全微分の条件式(3)がみたされていることは容易にわかる．経路 C_1 は，$0 \leq t \leq 1$ として $x = t, y = 0$ と書ける．よって，$dx = dt, dy = 0$．したがって，経路 C_1 での積分は

$$\int_{C_1} (ydx + xdy) = \int_0^1 (0 \cdot dt + t \cdot 0) = 0$$

となる．左辺の記号 $\int_{C_1} ...$ は経路 C_1 に沿っての線積分を表す記号である．

次に経路 C_2 に沿った積分を計算する．経路 C_2 では，$x = 1, y = t$ である．よって，同様の計算を行って

$$\int_{C_2} (ydx + xdy) = \int_0^1 (t \cdot 0 + dt) = 1$$

したがって，経路 C_1 と経路 C_2 をあわせた経路 $C_1 + C_2$ に沿って積分した結果は

$$\int_{C_1+C_2} (ydx + xdy) = 1$$

である．

次に，経路 C_3 に沿って積分する．経路 C_3 では，$x = t, y = t$ だから，

$$\int_{C_3} \left(y\,dx + x\,dy \right) = \int_0^1 2t\,dt = 1$$

となる．したがって，

$$\int_{C_1+C_2} \left(y\,dx + x\,dy \right) = \int_{C_3} \left(y\,dx + x\,dy \right)$$

が成り立つ．一般に式(2)が全微分の条件(3)を満たすとき，線積分が経路によらず同じ値になることと，線積分の値が経路の両端での値のみで決まることが示せる．特に，無限小過程を考えると

$$A(x,y)dx + B(x,y)dy = df$$

と書くことができて，$f = f(x,y)$が状態量となる．経路の両端での座標をそれぞれ異なる状態とみなすと，両端におけるfの値の差で積分の値が決まることになる．

一方，式(2)が全微分の条件を満たさず，不完全微分の場合には，線積分は経路の取り方に依存する．実際，上と同様の計算によって

$$\int_{C_1+C_2} \left(y\,dx + dy \right) \neq \int_{C_3} \left(y\,dx + dy \right)$$

が示せる．

数学的な準備が整ったので，熱力学に戻ろう．理想気体の場合，無限小の仕事 $d'W$ は

$$d'W = -P\,dV$$

とかける．したがって，式(1)より

$$d'Q = dU + P\,dV \tag{4}$$

となる．$P = \dfrac{nRT}{V} = \dfrac{2U}{3V}$ を代入すると

$$d'Q = dU + \frac{2U}{3V}dV$$

この式を

$$d'Q = A(U,V)dU + B(U,V)dV$$

とおくと，

$$A(U,V)=1, \quad B(U,V)=\frac{2U}{3V}$$

となる．したがって，全微分の条件式(3)を満たしていない．よって，熱 Q は状態量ではない．

　このように熱 Q の無限小量は，数学的には不完全微分である．それでは，$d'Q$ に何らかの関数をかけて，全微分にすることは可能であろうか．一般に，不完全微分になんらかの関数をかけて，全微分にすることができる．このとき，かける関数のことを積分因子とよぶ．天下りだが，

$$\frac{1}{T}d'Q = \frac{1}{T}dU + \frac{2U}{3VT}dV \tag{5}$$

を考えよう．$T = \frac{2}{3nR}U$ を用いて書き換えると

$$\frac{1}{T}d'Q = \frac{3nR}{2U}dU + \frac{nR}{V}dV$$

となる．面白いことに，この式の右辺は全微分の条件(3)を満たしている．したがって，右辺は何らかの状態量の無限小変化量として書けることになる．ここで現れる状態量が**エントロピー** S である．すなわち，

$$dS = \frac{1}{T}d'Q$$

である．この式は

$$d'Q = TdS$$

とも書ける．

　さて，このようにして導入したエントロピー S が状態量であることを具体的な例を用いて確かめてみよう．

　単原子分子理想気体を考え，図 2-5 のように状態 A から状態 B まで変化させる．変化の過程として 2 通りの場合を考える．1 つは状態 C_1 を経る過程である．状態 A から状態 C_1 への変化は圧力 P_A の定圧過程であり，状態 C_1 から状態 B への変化は，体積 V_B の等積過程である．もう 1 つは，状態 C_2 を経る過程である．状態 A から状態 C_2 は体積 V_A

の等積過程であり，状態 C_2 から状態 B への変化は圧力 P_B の等圧過程
である．

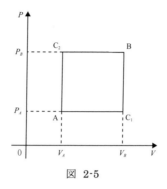

図 2-5

計算を実行する前に，dS を便利な形に書いておく．式(5)に $U = \dfrac{3}{2}nRT$
を代入すると

$$dS = \frac{3}{2}\frac{nR}{T}dT + \frac{nR}{V}dV \tag{6}$$

状態方程式より

$$T = \frac{1}{nR}PV$$

と書けるから，T は P, V の関数とみなせる．よって

$$dT = \frac{\partial T}{\partial P}dP + \frac{\partial T}{\partial V}dV = \frac{1}{nR}VdP + \frac{1}{nR}PdV$$

となる．式(6)に代入して，

$$dS = \frac{3}{2T}(VdP + PdV) + \frac{nR}{V}dV$$

状態方程式を用いて整理すると

$$dS = \frac{5}{2}\frac{nR}{V}dV + \frac{3}{2}\frac{nR}{P}dP$$

この式を用いて計算しよう．

状態 A から状態 C_1 への変化の過程では，圧力が一定だから，$dP = 0$
である．よって，エントロピー変化は

$$\Delta S_{AC_1} = \int_{V_A}^{V_B} dV \frac{5}{2}\frac{nR}{V} = \frac{5}{2}nR\log\left(\frac{V_B}{V_A}\right)$$

次に，状態 C_1 から状態 B への変化の過程では，体積が一定だから，$dV = 0$である．よって，エントロピー変化は

$$\Delta S_{C_1B} = \int_{P_A}^{P_B} dP \frac{3}{2}\frac{nR}{P} = \frac{3}{2}nR\log\left(\frac{P_B}{P_A}\right)$$

もう１つの経路についても同様に計算すると，

$$\Delta S_{AC_2} = \frac{3}{2}nR\log\left(\frac{P_B}{P_A}\right)$$

$$\Delta S_{C_2B} = \frac{5}{2}nR\log\left(\frac{V_B}{V_A}\right)$$

したがって，どちらの経路で計算しても

$$\Delta S_{AC_1} + \Delta S_{C_1B} = \Delta S_{AC_2} + \Delta S_{C_2B}$$
$$= \frac{5}{2}nR\log\left(\frac{V_B}{V_A}\right) + \frac{3}{2}nR\log\left(\frac{P_B}{P_A}\right)$$
$$= \left(\frac{5}{2}nR\log V_B + \frac{3}{2}nR\log P_B\right) - \left(\frac{5}{2}nR\log V_A + \frac{3}{2}nR\log P_A\right)$$

となって一致する．エントロピーの変化分は，最初と最後，それぞれの状態におけるエントロピーの値の差のみによって決まる．よって，エントロピーは状態量である．

エントロピー S を用いると，熱力学第１法則は

$$dU = TdS - PdV$$

と書ける．この表式から，U は S, V の関数であることがわかる．ただし，この表式では気体分子の数を一定と仮定している．

理想気体の状態を記述する変数として P, V, n, T, U などがある．状態方程式 $PV = nRT$ と内部エネルギーの表式 $U = \frac{3}{2}nRT$ から，V, U, n を定めれば状態が一意的に決まる．すなわち，内部エネルギーの表式から温度 T が定まる．さらに，状態方程式を用いて，圧力 P が定まる．一方，U は S に依存しているから，独立な変数として，V, S, n を選ぶことがで

きる.

　内部エネルギーが n にも依存することを考慮すると

$$U = U(S,V,n)$$

と書ける. 物質量 n のかわりに, 気体分子の数 N を用いてもよい. この場合,

$$U = U(S,V,N)$$

となる.

　このようにして与えられる内部エネルギーの全微分は

$$dU = TdS - PdV + \mu dN \tag{7}$$

となる. μ は化学ポテンシャルであり,

$$\mu = \left(\frac{\partial U}{\partial N}\right)_{S,V}$$

である. 偏微分する際, 何を一定にしたかを明記したいときがある. その際には, 上式のように右下に書く.

　化学ポテンシャルはあたかも 1 つの気体分子のエネルギーのような量であるが, 後述のように気体分子の居心地と関係している.

　【問題】 $x-y$ 平面上の異なる 2 点を結ぶ任意の経路 C についての線積分

$$I = \int_C (ydx + xdy)$$

の値が, 経路 C の取り方に依存しないことを示せ（ヒント: $x = f(t), y = g(t)$ とおいて計算してみよ）.

　【解答】異なる 2 点を (x_1,y_1) および (x_2,y_2) とする. $f(0)=x_1$, $f(1)=x_2$, $g(0)=y_1$, $g(1)=y_2$ となる t の関数 $f(t),g(t)$ を用いて, $x = f(t), y = g(t)$ とおく. $dx = f'(t)dt$, $dy = g'(t)dt$ だから

$$I = \int_C (ydx + xdy) = \int_0^1 dt \left[g(t)f'(t) + f(t)g'(t)\right]$$

$$= \left[f(t)g(t)\right]_0^1 = f(1)g(1) - f(0)g(0) = x_2 y_2 - x_1 y_1$$

この結果は関数 $f(t),g(t)$ の選び方に依存しないから, I の値は経路 C の取り方に依存しない.

2.5. 示量変数と示強変数

　理想気体の状態を記述する変数 V, N などを**示量変数**とよぶ．示量変数とは，系の大きさを ℓ 倍したときに同じく ℓ 倍になる変数である．

　エントロピー S も示量変数である．無限小量についての式 $d'Q = TdS$ と熱力学第 1 法則 $d'Q = dU + PdV$ より

$$dU + PdV = TdS$$

この式において，系の大きさを ℓ 倍すると左辺は ℓ 倍される．一方，系の大きさを変えても温度 T は変わらない．したがって，エントロピーが ℓ 倍されることになる．

　それぞれの示量変数には，対となる**示強変数**が存在する．示量変数 X と対となる示強変数 x は，

$$x = \frac{\partial U}{\partial X}$$

で定義される．このような示量変数 X と示強変数 x の間の対応関係を，x と X は互いに**共役**な関係にあるという．X として V を選ぶと

$$-P = \left(\frac{\partial U}{\partial V}\right)_{S,N}$$

となる．すなわち，圧力 P は示量変数 V に共役な示強変数である．負号は圧力の定義において，符号をどう選ぶかの問題であるから本質的ではない．この式より，体積のみを ΔV だけ変化させたときの，内部エネルギーの変化分 ΔU は

$$\Delta U = -P \Delta V$$

となる．体積を変化させたとき，内部エネルギーが大きく変化する場合は，圧力 P が高い状態である．

　X としてエントロピー S を選ぶと

$$T = \left(\frac{\partial U}{\partial S}\right)_{V,N}$$

である．温度 T は示量変数 S に共役な示強変数ということになる．エントロピー S のみを ΔS だけ変化させたときの，内部エネルギーの変化分は $\Delta U = T \Delta S$ である．内部エネルギーの変化分が大きい場合は，温度

Tが高い状態にある.

XとしてNを選ぶと

$$\mu = \left(\frac{\partial U}{\partial N}\right)_{S,V}$$

である. 化学ポテンシャルμは示量変数Nに共役な示強変数である. 粒子数のみをΔNだけ変化させたときの内部エネルギーの変化分は, $\Delta U = \mu \Delta N$となる. なお, この表式を得るのにエントロピーを一定にしている点に注意しよう. エントロピーが一定のもとでは, 化学ポテンシャルは1気体分子あたりのエネルギーとなるが, 次節で述べるように一般の状況下ではそうはならない.

2.6. 理想気体のエントロピーと化学ポテンシャル

さて, エントロピーの具体的な表式を導こう. 上述のようにS, V, Nを独立変数として選ぶ. 粒子数Nが一定のとき, 式(7)に$dU = \frac{3}{2}nRdT$を代入すると,

$$\frac{3}{2}nRdT = TdS - PdV \tag{8}$$

さらに温度Tが一定の場合には,

$$TdS - PdV = 0$$

となる. 状態方程式を用いると

$$dS = \frac{P}{T}dV = \frac{nR}{V}dV$$

この式を積分して

$$S = Nk_B \log\left(\frac{V}{V_0}\right)$$

が得られる. V_0は積分定数である. $k_B = 1.38 \times 10^{23} \mathrm{JK^{-1}}$はボルツマン定数で, アボガドロ数を$N_A = 6.02 \times 10^{23} \mathrm{mol^{-1}}$として, $k_B = R/N_A$である. このように, 粒子数が一定で温度が一定の場合には, エントロピーは体積のみの関数となる.

　この式は次のように解釈することが可能である．理想気体が封入された体積Vの容器を，体積v_0の等しいℓ個の小領域に分割したとする．つまり，$\ell = V/v_0$である．また，$V_0/v_0 = N$とする．ℓを用いると

$$S = k_B \log\left(\frac{\ell^N}{N^N}\right)$$

と書ける．それぞれの気体分子はどの小領域に存在してもよいとすれば，ℓ通りの場合がある．N個の気体分子全体では，ℓ^N通りの場合がある．この場合の数ℓ^Nの自然対数をとって，ボルツマン定数k_Bをかけたものがエントロピーである．$N^N \simeq N!$は気体分子が互いに区別できないことによる場合の数である．

　粒子数のみが一定の場合，一粒子あたりのエントロピーsと体積vを導入して$S = Ns$，$V = Nv$とおくと，式(8)より

$$\frac{3}{2} k_B dT = T ds - P dv$$

よって

$$ds = \frac{3}{2} k_B \frac{dT}{T} + \frac{P}{T} dv = k_B \left(\frac{3}{2}\frac{dT}{T} + \frac{dv}{v}\right)$$

積分して

$$s = S/N = k_B\left[\log\left(\frac{V}{V_0}\right) + \frac{3}{2}\log\left(\frac{T}{T_0}\right)\right]$$

となる．T_0は定数である．したがって，

$$S = Nk_B\left[\log\left(\frac{V}{V_0}\right) + \frac{3}{2}\log\left(\frac{T}{T_0}\right)\right]$$

これが理想気体のエントロピーの表式である．V_0, T_0は定数であり，熱力学の範囲では決められない．$U = \frac{3}{2}Nk_BT$を用いると，$U_0 = \frac{3}{2}Nk_BT_0$として

$$S = Nk_B\left[\log\left(\frac{V}{V_0}\right) + \frac{3}{2}\log\left(\frac{U}{U_0}\right)\right] \tag{9}$$

とも書ける．よって，SはU, V, Nの関数として表せる．

次に理想気体の化学ポテンシャルを求めよう．熱力学第1法則より

$$dS = \frac{1}{T}dU + \frac{P}{T}dV - \frac{\mu}{T}dN$$

この式から

$$-\frac{\mu}{T} = \left(\frac{\partial S}{\partial N}\right)_{U,V}$$

式(9)を用いて，

$$\mu = -k_B T\left[\log\left(\frac{V}{V_0}\right) + \frac{3}{2}\log\left(\frac{U}{U_0}\right)\right] = -k_B T\left[\log\left(\frac{V}{V_0}\right) + \frac{3}{2}\log\left(\frac{T}{T_0}\right)\right]$$

となる．ここで，$V = Na^3$ および

$$\lambda = \left(\frac{V_0}{N}\right)^{1/3}\left(\frac{T_0}{T}\right)^{1/2}$$

とおくと

$$\mu = 3k_B T\log\left(\frac{\lambda}{a}\right)$$

となる．この表式から化学ポテンシャルが単純に1気体分子あたりのエネルギーと解釈できないことが明らかであろう．ここで，a^3 は気体分子1つあたりが占める体積であるが，a を気体分子間の平均の間隔とみなしてもよい．λ は長さのスケールをもつ量である．

低温になるほど，λ は長くなることに着目しよう．アナロジーとして，電車の込み具合を考えよう．電車がガラガラに空いていれば，他の乗客のことは気にならない．しかし，電車が混んできて，隣の乗客との距離が近くなってくると，次第に息苦しさを感じ始める．λ は気体分子が他の気体分子を「意識」し始める距離である．

統計力学[3]を用いた計算では

$$\lambda = \frac{h}{\sqrt{2\pi m k_B T}}$$

となり，λ は**熱的ド・ブロイ波長**とよばれる．m は気体分子の質量で，

---

3 原子・分子の微視的運動法則から出発して，アボガドロ数のオーダーの粒子集団の物理的性質を明らかにする理論体系が統計力学である．

hはプランク定数である．量子力学的な解釈では，λは気体分子が波として振舞うときの波長を表している．

2.7. 断熱自由膨張

　関係式 $d'Q = TdS$ から，エントロピーは熱に関係した量である．それでは，断熱変化ではエントロピーは常に変化しないと言えるだろうか．答えは否である．

　理想気体を断熱的に自由膨張させる過程を考えよう．自由膨張過程では，途中の圧力や密度が一様でない．そのため，P–V図を用いて表すことができない．しかし，膨張前と膨張後の状態を比較することは可能である．

　体積が V_1 の状態から，体積が $V_2(>V_1)$ の状態へ，断熱的に自由膨張したと仮定する．断熱的に自由膨張するから，系は外と熱のやり取りをしない．また，外から仕事をされることもなく，外へ仕事をすることもない．したがって，熱力学第1法則から内部エネルギーは不変である．よって $U = \dfrac{3}{2}nRT$ の関係から，膨張前と膨張後で，温度は等しい．

　先に示したように，エントロピーは状態量だから，その変化分は変化の過程によらない．最初と最後の状態のみ決まれば，エントロピーの変化分を計算できる．そこで，温度が変化しない等温過程を用いて，変化分を計算しよう．理想気体の等温過程では，

$$dU = \frac{3}{2}nRdT = 0$$

だから，熱力学第1法則より

$$TdS - PdV = 0$$

である．よって

$$dS = \frac{P}{T}dV = \frac{nR}{V}dV$$

$V = V_1$ から V_2 まで積分して，エントロピーの変化分は

$$\Delta S = nR \log\left(\frac{V_2}{V_1}\right)$$

となる.

　断熱的に変化させているのに，エントロピーが増加している．この
エントロピーの増加分はどこから来ているのであろうか．断熱自由膨
張は可逆ではない．すなわち，自由膨張した状態から元の状態へ戻す
ことができない．3.10節で示すように，このような可逆でない過程で
は，$dS = d'Q/T$ の関係が成り立たず，$dS > d'Q/T$ となる．したがって，
断熱過程（$d'Q = 0$）であってもエントロピーが増大するのである.

2.8. 熱機関の効率と理想気体のカルノーサイクル

　熱機関の効率の問題を，理想気体の範囲で考えよう．一般に，熱機
関が外から与えられた熱を Q とする．また，熱機関が外へなした仕事
を W とする．熱機関の効率 η は

$$\eta = \frac{W}{Q}$$

で定義される.

　Q のうち仕事として用いられずに無駄に捨てられる熱を q とすると，
$W = Q - q$ だから

$$\eta = 1 - \frac{q}{Q}$$

となる．ここまでは，一般の熱機関について成り立つことである.

　具体的な熱機関を考えて，η を計算してみよう.

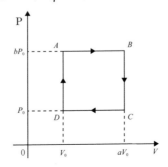

図 2-6

図 2-6 に示したような，等積過程と等圧過程のみからなる熱機関を考える．状態 $\alpha(=A,B,C,D)$ の圧力と体積をそれぞれ P_α, V_α と書く．$a>1$，$b>1$ として，$P_A = P_B = bP_0$，$P_C = P_D = P_0$，$V_A = V_D = V_0$，$V_B = V_C = aV_0$ である．この熱機関が外へする仕事 W は，$P-V$ 図で囲まれる面積に等しいから，

$$W = (P_A - P_D)(V_B - V_A) = (a-1)(b-1)P_0V_0$$

となる．

外から熱が与えられる過程は，等積過程 $D \to A$ と等圧過程 $A \to B$ である．熱力学第 1 法則を用いて熱 Q を計算しよう．等積過程 $D \to A$ では外へ仕事をしないから，外から与えられる熱は，内部エネルギーの変化分に等しく，

$$U_A - U_D = \frac{3}{2}nR(T_A - T_D) = \frac{3}{2}(b-1)P_0V_0$$

等圧過程 $A \to B$ で外から与えられる熱は，内部エネルギーの変化分と外へする仕事の両方を考えて

$$(U_B - U_A) + P_A(V_B - V_A) = \left[\frac{3}{2}ab - \frac{3}{2}b + b(a-1)\right]P_0V_0$$

である．よって，外から与えられる熱の総量は

$$Q = \frac{3}{2}(b-1)P_0V_0 + \left[\frac{3}{2}ab - \frac{3}{2}b + b(a-1)\right]P_0V_0 = \frac{1}{2}(5ab - 2b - 3)P_0V_0$$

となる．したがって，効率は次式で与えられる．

$$\eta = \frac{W}{Q} = \frac{2(a-1)(b-1)}{5ab - 2b - 3}$$

この効率には上限が存在する．$a' = a-1$，$b' = b-1$ とおくと，$a>1, b>1$ より $a'>0, b'>0$ である．$1/\eta$ を a', b' を用いて書き換えると

$$\frac{1}{\eta} = \frac{1}{2}\frac{5(a'+1)(b'+1) - 2(b'+1) - 3}{a'b'} = \frac{5}{2} + \frac{3}{a'} + \frac{5}{b'} > \frac{5}{2}$$

ここで $a'>0$，$b'>0$ を用いた．したがって

$$\eta < \frac{2}{5} = 40\%$$

となる．すなわち，この熱機関の効率は40%を上回ることができない．与えた熱の半分も仕事にならないということになる．

　理想気体を用いた熱機関のうち，最大の効率をもつ熱機関とはどのような熱機関であろうか．そのような熱機関が**カルノーサイクル**である．

　カルノーサイクルは準静的断熱過程と準静的等温過程からなる．模式的に表した図が図 2-7 である．状態 A から状態 B は温度 T_H の等温過程，状態 C から状態 D は温度 $T_L(<T_H)$ の等温過程である．状態 B から状態 C および状態 D から状態 A は断熱過程である．

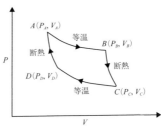

図 2-7

　等温過程 $A \to B$ において，外から熱 Q が与えられる．等温過程だから内部エネルギーの変化はない．したがって，Q は理想気体が外へなした仕事に等しく，$P = \dfrac{nRT_H}{V}$ だから

$$Q = \int_{V_A}^{V_B} dV P = \int_{V_A}^{V_B} dV \frac{nRT_H}{V} = nRT_H \log\left(\frac{V_B}{V_A}\right)$$

　等温過程 $C \to D$ において，熱 q を外へ捨てる．この熱 q は，理想気体が外からされた仕事を考えて

$$q = -\int_{V_C}^{V_D} dV P = -\int_{V_C}^{V_D} dV \frac{nRT_L}{V} = -nRT_L \log\left(\frac{V_D}{V_C}\right) = nRT_L \log\left(\frac{V_C}{V_D}\right)$$

したがって，効率 η は

$$\eta = 1 - \frac{q}{Q} = 1 - \frac{T_L}{T_H} \frac{\log\left(\dfrac{V_C}{V_D}\right)}{\log\left(\dfrac{V_B}{V_A}\right)} \tag{10}$$

断熱過程において $P_B V_B^\gamma = P_C V_C^\gamma$, $P_A V_A^\gamma = P_D V_D^\gamma$ が成り立つ. よって

$$\frac{P_B V_B^\gamma}{P_A V_A^\gamma} = \frac{P_C V_C^\gamma}{P_D V_D^\gamma}$$

$P_A V_A = P_B V_B$ および $P_C V_C = P_D V_D$ を用いて, P_A, P_B, P_C, P_D を消去し, 両辺の対数をとる. さらに, $\gamma - 1$ で両辺を割ると

$$\log\left(\frac{V_B}{V_A}\right) = \log\left(\frac{V_C}{V_D}\right)$$

式(10)に代入すると

$$\eta = 1 - \frac{T_L}{T_H}$$

$T_L = T_H / 4$ とすると, $\eta = 75\%$ となって, 上述の等積過程と等圧過程のみからなる熱機関の効率の上限を簡単に超える.

　カルノーサイクルは準静的断熱過程と準静的等温過程のみからなる. いずれの準静的過程も可逆だから, 逆回しが可能である. すなわち, 外から仕事 W を与えて, 低温熱源から熱 q を奪い, 高温熱源へ熱 Q を移動させることができる. 逆回し可能であることは, 後の節で用いる.

2.9. ガソリンエンジンの効率

　実際の熱機関の効率を計算してみよう. ガソリンエンジンで用いられているオットーサイクルの効率を計算する. 作業物質は空気であり, 空気を理想気体として扱う. 高温熱源から空気が得る熱は, 燃料の爆発によって発生する熱である. 低温熱源が外界となる.

　各過程を簡略化した模式図が図 2-8 である.

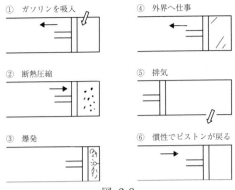

図 2-8

　過程①でガソリンを吸入する．過程②において，空気とガソリンの混合気体が断熱圧縮される．過程③でプラグの点火により爆発がおこり，空気に熱が与えられる．過程④で外界へ仕事をする．過程⑤で排気し，過程⑥でピストンが元に戻る．

　図 2-9 に，オットーサイクルの P–V 図を示す．過程①と⑥は互いに相殺して効率の計算に寄与しないので，過程②，③，④，⑤に着目して計算する．過程②と④は断熱過程とみなせる．ピストンの動きが速く，外界との熱のやりとりが無視できるからである．過程③は爆発だから，体積一定のまま瞬時に圧力が上昇するとみなして，等積過程とする．過程⑤の排気も等積過程とみなす．

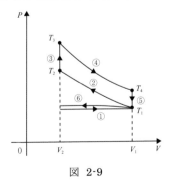

図 2-9

　さて，効率の計算を実行するには，外から与えられた熱と無駄にすてた熱を求めればよい．断熱過程では熱の出入りがないから，等積過程③と⑤に着目する．過程③における最初と最後の温度をそれぞれ T_2,

T_3 とする．作業物質である空気の物質量を n とする．空気のモル熱容量を C_V とすると，爆発によって系が得る熱 Q は

$$Q = nC_V\left(T_3 - T_2\right)$$

となる．

　熱を捨てる過程が⑤の等積過程である．この過程における最初と最後の温度をそれぞれ T_4, T_1 とする．系が外界へ捨てる熱 q は

$$q = nC_V\left(T_4 - T_1\right)$$

となる．したがって，効率 η は

$$\eta = 1 - \frac{q}{Q} = 1 - \frac{T_4 - T_1}{T_3 - T_2}$$

　これで答えが出たと喜んではいけない．温度 T_1, T_2, T_3, T_4 の値を知るのは非常に難しいため，この表式は実用的ではない．実用的な表式に書き換えよう．過程⑤と③における体積をそれぞれ V_1, V_2 とおく．過程②と④は断熱過程だから，

$$T_1 V_1^{\gamma-1} = T_2 V_2^{\gamma-1}, \qquad T_3 V_2^{\gamma-1} = T_4 V_1^{\gamma-1}$$

がなりたつ．これらの式と上の η の表式から

$$\eta = 1 - \frac{T_4 - \dfrac{T_2 V_2^{\gamma-1}}{V_1^{\gamma-1}}}{\dfrac{T_4 V_1^{\gamma-1}}{V_2^{\gamma-1}} - T_2} = 1 - \left(\frac{V_2}{V_1}\right)^{\gamma-1}$$

　V_2 は空気とガソリンの混合気体を圧縮したときの体積であり，V_1/V_2 を圧縮比とよぶ．オットーサイクルの理論的な効率は図 2-10 のようになる．空気（air）について，$\gamma = 1.41$ である．実際のガソリンエンジンでは $V_1/V_2 = 9 \sim 12$ であり，効率は $20 \sim 30\%$ である．

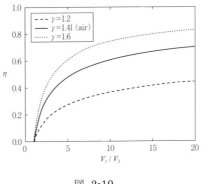

図 2-10

2.10.　ヒートポンプ

　前節で考えた熱機関は，熱源から熱を得て，それを仕事にかえる熱機関であった．今度は，冷却について考えてみよう．物を温めることは比較的簡単である．手をこすり合わせれば熱が発生する．では，温度を下げるにはどうすればよいであろうか．物体を冷却するには，低温の物体から高温の物体へ，熱を移動させることが必要になる．このような装置をヒートポンプとよぶ．冷蔵庫やエアコンがその例である．

　まず，冷蔵庫を考えよう．作業物質として冷媒[4]を用いる．熱を移動させる媒体として用いられるのが冷媒である．以前は冷媒としてフロンが使用されていたが，オゾン層を破壊するということで現在は用いられていない．

　さて，冷蔵庫で物を冷す原理は，以下の通りである．①冷媒を放熱させる．コンデンサと呼ばれる部分で，冷媒は熱を放出して液体になる．（冷蔵庫の背面にコンデンサがあり，冷蔵庫によっては外から見える．）②冷媒が通る管の太さを，急激に太くする．これによって，冷媒の圧力を下げ，冷媒の沸点を下げる．この冷媒の圧力を下げる部

---

[4] 冷媒を作業物質とする場合には，液化した状態を考える必要がある．そのため，理想気体としては扱えないが，3.8節で示すようにカルノーサイクルの効率は理想気体の場合と同じになる．

分を膨張弁とよぶ. ③圧力の下がった冷媒は, 冷蔵庫の庫内を通る.
このとき, 冷媒が液体から気体へ気化する. そして, 庫内から熱を奪
う. ④気化した冷媒は, コンプレッサと呼ばれる部分で圧縮される.
冷媒は高圧の気体になり, ①の過程に戻る.

　このように①から④の過程を繰り返して, 冷蔵庫内の温度は下げら
れる. このサイクルを, 図 2-11 に示すようにカルノーサイクルの逆
回しとして考えてみよう.

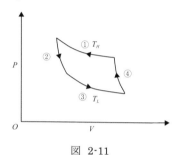

図 2-11

　冷蔵庫の周囲の温度を T_H, 冷蔵庫の中の温度を T_L とする. 過程①は
温度 T_H の等温過程とみなす. 冷蔵庫の外を高温熱源と考えるわけであ
る. 過程②は圧力が下がる過程である. この過程を断熱膨張過程とし
て近似する. 過程③を温度 T_L の等温過程, 過程④を断熱圧縮過程とし
て考える.

　さて, このカルノーサイクルの逆回しにより, 温度を下げるために
必要となる仕事を求めよう. すでに示したようにカルノーサイクルの
効率は

$$\eta = 1 - \frac{T_L}{T_H}$$

である. 冷媒は理想気体ではないが, 3.8 節で示すように効率の表式
は同じになる. 低温熱源へ捨てる熱 q と効率 η, 仕事 W の関係は

$$W = \frac{\eta}{1-\eta} q$$

である. η の式を代入して

$$W = \frac{T_H - T_L}{T_L} q \tag{11}$$

これで必要な仕事がわかった．q と W の比

$$\varepsilon_R = \frac{q}{W}$$

を動作係数とよぶ．動作係数が大きければ，冷蔵庫の庫内から熱を奪うのに必要な仕事が少なくてすむことになる．

【例題】$T_H = 300\mathrm{K}$ の高温熱源と $T_L = 270\mathrm{K}$ の低温熱源を用いて作動するカルノーサイクルを逆回しして，90℃の水 300g を 10 分で 0℃まで冷したいとする．水の比熱を 4J·K^{-1}·g^{-1} とするとき，毎秒何 J の仕事が必要か．

【解答】温度を下げるために $q = 90 \times 300 \times 4\mathrm{J} = 108000\mathrm{J}$ の熱を奪う必要がある．したがって，

$$W = \frac{300 - 270}{270} q = 12000\mathrm{J}$$

よって毎秒

$$\frac{W}{10 \times 60} = 20\mathrm{J}$$

の仕事が必要となる．

　次に，エアコンによる冷却を考えよう．エアコンには必ず室外機が付属している．室外機の役割は何だろうか？実は，エアコンも冷蔵庫と同様に考えることができる．やはりカルノーサイクルの逆回しとみなす．エアコンで部屋の空気を下げる場合は，部屋の中の温度が T_L で，室外機が設置されている外の温度が T_H となる．エアコンの本体がある部屋から熱を q だけ奪いたいとする．このとき必要な仕事は式(11)で与えられる．

【例題】体積 30m^3 の密閉された部屋の温度を，逆カルノーサイクルによって 30℃から 20℃に下げたい．ただし，部屋の気圧は $1.0 \times 10^5\,\mathrm{Pa}$ とする．必要となる仕事を求めよ．空気の定積モル比熱を $5R/2$，気体定数を $R = 8.3\mathrm{JK}^{-1}\mathrm{mol}^{-1}$ とする．

【解答】30℃におけるこの部屋の空気の物質量は，

$$n = \frac{1.0 \times 10^5 \times 30}{8.3 \times 303} \text{mol} = 1.2 \times 10^3 \text{mol}$$

定積過程として計算すると，部屋から奪うべき熱量 q は

$$q = \frac{5}{2} \times 1.2 \times 10^3 \times 8.3 \times 10 \text{J} = 2.5 \times 10^5 \text{J}$$

したがって，必要な仕事は

$$W = \frac{10}{273 + 20} q = 8.5 \times 10^3 \text{J}$$

1 分間でこれだけの仕事をさせるとすると，140W 程度となる.

　今度はエアコンで部屋を暖める場合を考えよう. この場合は，室内機がある部屋の温度が T_H で，室外機がある外の温度が T_L となる. 室内に熱 Q を生じさせたいとする. このとき必要な仕事 W は，効率 η を用いて

$$W = \eta Q = \frac{T_H - T_L}{T_H} Q$$

と書ける. 重要な点は，$W < Q$ であり，しかも W は Q よりもだいぶ小さくなる点である. 具体的に，$T_H = 303 \text{K}$ で，$T_L = 273 \text{K}$ の場合には，

$$W = \frac{303 - 273}{303} Q \simeq \frac{1}{10} \times Q$$

となる. 約 10 分の 1 でよい. 一方，ガスファンヒーターなどの場合には，このような効率化はない.

3. 熱力学の体系

　前章では理想気体に限定して熱力学を論じた．理想気体に限定することで，数学的に明快な形でエントロピーの存在を論じることができた．本章では，理想気体に限らず，一般の系を対象として熱力学の体系を構築していく．

3.1. 熱力学で対象とする系

　理想気体の場合と同様に，熱力学で対象とする系は，粒子数 N が十分大きい系である．理想気体の場合には，圧力や密度が系全体で一様であり，時間的にも変動しない系であった．一般の系では，圧力や密度以外の変数もある．このような他の変数についても系全体で一様で，時間的に変動しない系を熱力学の対象とする．圧力や密度のように，系全体で一様で一定の値をとる変数を**熱力学的変数**とよぶ．

　すべての熱力学的変数が一様で一定の状態が実現するためには，一時的に生じた非一様な状態が，一様になる過程が存在しなくてはならない．お湯を冷ますために，水を少し加えたとする．このとき，水の温度は空間的に一様ではない．しかし，時間が経過すると，水の温度は全体で一様になる．さらに，系が断熱壁でおおわれているとすれば，水の温度は時間的に一定の状態になる．

　熱力学では，このように十分な時間が経過したときに，熱力学的変数が系全体で一様で一定となるような過程が存在することを仮定する．このような過程は，具体的には原子や分子間の衝突である．1つの原子に着目しよう．この原子が系の内部で運動する．しばらく時間が経過すると，この原子は他の原子に衝突するであろう．すべての原子について，他の原子と衝突までに要する時間を考え，この衝突時間の平均を τ と表す．τ を**緩和時間**とよぶ．

　時間 τ が経過すれば，系のいたるところで，原子や分子間の衝突が起きる．原子や分子の運動量やエネルギーの偏りを拡散させる過程が，特徴的な時間 τ で起きるということである．τ よりも十分長い時間が経過したとする．そうすれば，上で述べたような熱力学変数が，系全

体で一様で時間に依存せず一定となる状態が実現する．熱力学で対象とする系は，このような緩和過程が存在して，熱平衡状態が実現する系である．

　以上をまとめると，熱力学で扱う対象は次の2つの条件をみたす系である．

①粒子数 N が十分大きい．

②緩和過程が存在し，熱平衡状態が存在する．すなわち，系を記述する熱力学変数が，系全体で一様で時間的に一定となる状態が存在する．

　条件①の粒子数 N についての条件は，理想気体で考えた条件と同じである．測定誤差の範囲内で，熱力学変数が一様であるとみなせるほど，粒子数 N が大きい系ということである．条件②については，考える時間スケールに比べて，緩和時間が十分短い系が熱力学の対象となる．条件①および②をみたす系を，**熱力学的系**とよぶ．

3.2. 熱力学第0法則と示量変数

　標準的な熱力学の教科書には，熱力学第1法則や熱力学第2法則の前に，熱力学第0法則の記述がある．通常，異なる系の間の熱平衡に関連させて述べてある．2つの系が熱平衡にあるとき，温度が等しいといったことが論じられる．しかし，2つの系の接触のさせ方には3.13節で述べるようにいろいろある．熱の交換のみを許す場合もあれば，粒子の交換を許す場合もある．さまざまな接触の条件のもとで，2つの系の熱平衡を議論するには熱力学第2法則が必要である．

　本書では，異なる立場をとる．2つの系の間の熱平衡ではなく，1つの孤立系を部分系に分けて考える．孤立系を考え，系が熱平衡状態にあるとする．このとき，系をいくつかの部分系に分ける．物理的にしきりを導入するのではなく，仮想的に n 個の部分系に分ける．各部分系は前節で論じた，熱力学的系の条件をみたしていると仮定する．また，各部分系の体積は互いに等しいとする．

　系を記述する熱力学変数 X を考える．部分系について，この熱力学変数が X/n となる変数を示量変数とよぶ．体積は示量変数である．ま

た，粒子数も示量変数である．前章の理想気体の場合に論じたエント
ロピーも示量変数である．さらに，各部分系のエネルギーも，全体の
エネルギーの$1/n$倍となる．一方，温度や圧力は各部分系で同じ値を
とる．したがって，温度や圧力のみでは，系全体と部分系とを区別す
ることはできない点に注意しよう．

3.3. 内部エネルギー

　示量変数のみの関数として表されるエネルギーを，内部エネルギー
と定義する．この内部エネルギーをUと書く．示量変数がS, V, Nのみ
の場合，$U = U(S, V, N)$である．後に示すように，温度や圧力はこの内
部エネルギーを用いて定義される．

　ここで理想気体の内部エネルギーとの関係について気になるかも
しれない．理想気体の内部エネルギーは温度と物質量の関数として簡
潔に表現される．しかし，前章で示したように，理想気体の内部エネ
ルギーも示量変数のみの関数として書くことができる．なお，次節で
示すように温度や圧力などの示強変数は示量変数の関数として書く
ことができる．したがって，示強変数の関数として表されていても，
結局は示量変数の関数ということになる．

3.4. 示強変数

　示量変数Xには，共役な示強変数xが存在する．この示強変数xを

$$x = \frac{\partial U}{\partial X}$$

で定義する．一般的に，系の示量変数がn個あるとして，それらを
$X_1, X_2, ..., X_n$と書く．示量変数X_jと共役な示強変数をx_jと書くと，

$$x_j = \left(\frac{\partial U}{\partial X_j} \right)_{X_1, X_2, ..., X_{j-1}, X_{j+1}, X_{j+2}, ..., X_n}$$

である．右辺は$X_1, X_2, ..., X_n$の関数だから，

$$x_j = x_j(X_1, X_2, ..., X_n)$$

である．したがって，示強変数は示量変数の関数である．

ここで，変数を定義した順序を確認しておこう．まず，3.2節で系の示量変数を定義し，次に3.3節で内部エネルギーを示量変数の関数として定義した．そして，示強変数を上記のように定義している．

温度は日常生活でとてもなじみある量だが，示量変数であるエントロピーSを用いて，

$$T = \left(\frac{\partial U}{\partial S}\right)_{V, N, X}$$

で定義される（XはV, N以外の示量変数である）．初見でこの表現になじめないとしても当然である．3.13節で，この表式が熱力学第2法則からの自然な帰結であることを示す．

3.5. 変化の過程

変化の過程を2.2節と同様に定義する．1つの熱平衡状態から，他の熱平衡状態へ変化させる場合を考える．このとき，系の熱力学的変数（示量変数や示強変数）が変化する．変数の変化分が無限小である過程を**無限小過程**とよぶ．ある熱平衡状態から出発してさまざまな過程を経て，最初の熱平衡状態に戻る過程を**サイクル**とよぶ．

準静的過程についても，理想気体の場合と同様に定義する．系の熱力学的変数を変化させると，当然のことながら熱平衡状態から逸脱した状態となる．そこで，理想化された過程として準静的過程を考える．熱力学的変数をわずかに変化させ，熱平衡状態が実現するまで十分長い時間待つ．そして，改めて熱力学的変数を変化させる．このような操作を繰り返して，他の熱平衡状態へ変化させる．熱力学で対象とする系には緩和過程が存在するから，操作に要する時間は緩和時間に比べて十分長い時間ということになる．理想気体の場合と同様に，このような過程を準静的過程とよぶ．準静的断熱過程，準静的等温過程についても，理想気体の場合と同様である．

準静的過程が断熱的に行われるとき，準静的断熱過程とよぶ．温度一定のもとで変化させる過程を準静的等温過程とよぶ．

3.6. 熱力学第 1 法則

一般に n 個の示量変数を持つ系を仮定し，示量変数を $X_j \rightarrow X_j + \Delta X_j$ と変化させたとする．内部エネルギーの変化分 ΔU は

$$\Delta U = U\left(X_1 + \Delta X_1, X_2 + \Delta X_2, ..., X_n + \Delta X_n\right) - U\left(X_1, X_2, ..., X_n\right) = \sum_{j=1}^{n} x_j \Delta X_j$$

右辺では ΔX_j の高次項を無視している．

特に，無限小過程については

$$dU = x_1 dX_1 + x_2 dX_2 + ... + x_n dX_n$$

となる．この等式が一般の熱力学第 1 法則である．

X_1 をエントロピー S に選ぶと

$$dU = TdS + x_2 dX_2 + ... + x_n dX_n$$

断熱的変化（ $dS = 0$ ）では，

$$dU = x_2 dX_2 + x_3 dX_3 + ... + x_n dX_n$$

である．一般の無限小過程における熱の定義は

$$d'Q = dU - \left(x_2 dX_2 + x_3 dX_3 + ... + x_n dX_n\right)$$

となる．なお，3.10 節で示すように，可逆過程の場合には $d'Q = TdS$ とかけるが，不可逆過程の場合には $d'Q < TdS$ である．

2.3 節で理想気体の場合に，熱力学第 1 法則を述べたが，そのときに用いた論理とここでの論理の違いについてコメントしておこう．理想気体の場合には，まず，仕事 $d'W = -PdV$ を用いて，断熱過程における内部エネルギーの変化分を $dU = d'W = -PdV$ により定義した．そして，熱を $d'Q = dU + PdV$ によって定義したのである．仕事の表式が明確なので，仕事を用いて内部エネルギーを定義し，さらに熱を定義したのである．

この定義の順序を力学と対応させてみよう．1 次元空間を運動する質点を考え，その座標を x とする．質点に作用する力を F と書くと，質点が dx だけ移動したとき，質点が外部からなされた仕事は， $-Fdx$ となる．質点のエネルギーを U と書くと， $dU = -Fdx$ となる．力学の場合には，熱に相当する量が存在しないが，まず，仕事を定義してエネルギーの変化分を定義していることになる．

力学の場合に，まず変数 x の関数としてポテンシャルエネルギー $U = U(x)$ を定義し，$dU = \dfrac{dU}{dx}dx$ から力 $F = -\dfrac{dU}{dx}$ を定義して，仕事 $-Fdx$ を定義することが可能である．上記の熱力学第1法則を定義した順序は，この場合と同様の順序である．内部エネルギーを示量変数の関数として定義し，無限小過程を考えることによって，さまざまな変数の変化による仕事が定義されている．エントロピーに関連する仕事については，他の変数と区別して，仕事ではなく熱と呼んでいる．

【例】熱力学的系として，磁性体を考えよう．電子は自転に相当する自由度（スピンとよぶ）により，小さな磁石とみなすことができる．棒磁石と同じように N と S があり，S から N に向かうベクトルとして表すことができる．このベクトルを磁気モーメントとよぶ．磁性体はこのような小さな磁石の集まりである．いま，K 個の電子の磁石からなる強磁性体があるとする．j 番目の磁気モーメントを $\mathbf{m}_j$ と書く．系の磁石としての性質は

$$\mathbf{M} = \sum_{j=1}^{K} \mathbf{m}_j$$

によって決まる．右辺の $\mathbf{m}_j$ の向きがバラバラだとすると，N と S が打ち消し合って，磁石としての性質は失われる．一方，向きがうまくそろっていれば，強い磁石となる．すべてそろっている状況を考えればわかるように，$\mathbf{M}$ は示量変数である．

磁性体の体積変化を無視すれば，断熱過程について

$$dU = \frac{\partial U}{\partial M_x}dM_x + \frac{\partial U}{\partial M_y}dM_y + \frac{\partial U}{\partial M_z}dM_z$$

となる．$M_\alpha(\alpha = x, y, z)$ に対応する示強変数

$$H_\alpha = \frac{\partial U}{\partial M_\alpha}$$

は磁場である．一般の過程については

$$d'Q = TdS = dU - \mathbf{H} \cdot d\mathbf{M}$$

となる．

3.7. 熱力学第2法則：熱を用いた表現

熱力学第1法則は，基本的にはエネルギー保存則である．熱を含めたエネルギー保存則が熱力学第1法則である．熱力学第2法則は，変化の方向性について述べた法則である．熱力学第2法則には，熱を用いた表現とエントロピーを用いた表現がある．ここでは，熱を用いた熱力学第2法則について述べる．エントロピーを用いた熱力学第2法則については，3.11節で述べる．

熱力学第2法則には同値な表現がいくつかある．

【クラウジウスの原理】低温度の系から高温度の系へ，他に何の変化も伴わずに，熱が移動することはない．

【トムソンの原理】1つの熱源のみから得た熱を，他に何の変化も伴わずに，すべて仕事に変えることは不可能である．

これらの原理を図示したのが図 3-1 である．クラウジウスの原理は，日常で経験する当たり前のことを述べている．マグカップに注がれた温かいコーヒーが，周囲の空気から熱を得て，沸騰しはじめるということはない．実際には，放っておくと，どんどん冷めていく．

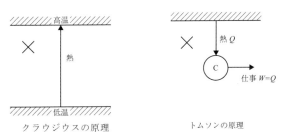

図 3-1

トムソンの原理は，1つの熱源から得た熱をすべて仕事にするような，熱機関（図中の C）は存在しないということである．ここで，「他に何の変化も伴わずに」という但し書きに注意しよう．変化を伴ってよければ，1つの熱源から得た熱を仕事に変えることは可能である．トムソンの原理より，1つの熱源から得た熱をすべて仕事に変えるという第2種永久機関は不可能ということになる．

さて，クラウジウスの原理とトムソンの原理は同値であることが示

せる．証明には背理法を用いる．クラウジウスの原理を C，トムソンの原理を T と表そう．C の否定を $\bar{C}$，T の否定を $\bar{T}$ と書く．

　まず，$\bar{C}$ を仮定すると，図 3-2(a)に示したように低温熱源から高温熱源に熱 $q(>0)$ が移動する過程が可能である．この過程と，2つの熱源を用いて作動する通常のサイクルとを組み合わせる．サイクルを作動させるとき，低温熱源へ捨てる熱が q となるように調節する．このとき，サイクルが外へする仕事は $W = Q - q$ である．一方，高温熱源から得ている正味の熱は，$Q - q$ である．低温熱源への熱の出入りはちょうど相殺しているから，1つの熱源から得た熱をすべて仕事に変換していることになる．よって，トムソンの原理に反する．したがって，$\bar{C} \Rightarrow \bar{T}$ である．

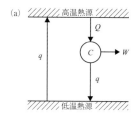 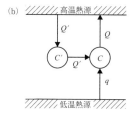

図 3-2

　次に，$\bar{T}$ を仮定すると，高温熱源から熱 Q' を得て，すべて仕事に変える熱機関 C' が存在する．このトムソンの原理に反する熱機関 C' を，理想気体のカルノーサイクル C の逆回しと組み合わせる．図 3-2(b)に示したように，低温熱源から高温熱源へ，熱 $Q - Q' = q(>0)$ が移動する．これはクラウジウスの原理に反する．したがって，$\bar{T} \Rightarrow \bar{C}$ である．

　以上より，$\bar{C}$ と $\bar{T}$ が同値である．したがって，C と T は同値である．

3.8. 一般のカルノーサイクル

　2.8 節で理想気体のカルノーサイクルを説明した．ここでは一般のカルノーサイクルの効率を求めよう．驚くべきことに，カルノーサイクルの効率が，作業物質によらないことを示せる．さらに，2つの熱源を用いて作動する熱機関のなかで，カルノーサイクルが最大の効率

を持つということも示せる.

　これらの結果を導出する準備として，高温熱源から得る熱Qおよび低温熱源へ捨てる熱qを，熱機関が外へする仕事Wと効率ηで表しておく. 一般に,

$$W = Q - q$$

である. また，熱機関の効率をηとすると,

$$\eta = \frac{W}{Q}$$

　この2式から,

$$Q = \frac{1}{\eta}W, \qquad q = \left(\frac{1}{\eta} - 1\right)W$$

が得られる.

　まず，カルノーサイクルの効率が作業物質によらないことを示そう. 2つのカルノーサイクルC_1，C_2があるとする.

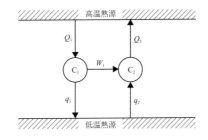

図 3-3

図 3-3 に示したように，C_1を作動させて得た仕事W_1を用いて，C_2を逆回しする. C_1，C_2それぞれの効率をη_1, η_2とすると，高温熱源からC_1が得る熱は,

$$Q_1 = \frac{1}{\eta_1}W_1$$

である. 一方，C_2が高温熱源へ移動させる熱は,

$$Q_2 = \frac{1}{\eta_2}W_1$$

クラウジウスの原理より，$Q_2 - Q_1 \leq 0$だから,

$$Q_2 - Q_1 = \left(\frac{1}{\eta_2} - \frac{1}{\eta_1}\right)W_1 = \frac{\eta_1 - \eta_2}{\eta_1 \eta_2}W_1 \leq 0$$

したがって，

$$\eta_1 \leq \eta_2$$

である．同様に，C_2 を作動させて得た仕事を用いて，C_1 を逆回しし
たとして，

$$\eta_2 \leq \eta_1$$

が示せる．この2つの不等式から，

$$\eta_1 = \eta_2$$

となる．この結果から，任意の作業物質を用いたカルノーサイクルの
効率 η が，理想気体を用いたカルノーサイクルと同じであることがわ
かる．よって，高温熱源の温度を T_H，低温熱源の温度を T_L とすると，
一般のカルノーサイクルの効率は

$$\eta = 1 - \frac{T_L}{T_H}$$

である．

　次に，カルノーサイクルが最大の効率を持つことを示そう．論法は，
まったく同じである．上記の証明で，C_1 を一般のサイクル C に置き換
えて考える．サイクル C の効率を η とすると，

$$\eta \leq \eta_2$$

が示せる．したがって，任意のサイクルの効率は，カルノーサイクル
の効率以下となる．等号が成立するのは，カルノーサイクルの効率が
作業物質によらないことの証明と同じように考えて，サイクル C が逆
回し可能のときである．

　【例題】絶対零度の熱源は存在しないことを，トムソンの原理を用
いて示せ．

　【解答】温度 T_L と温度 $T_H(>T_L)$ の2つの熱源を用いて作動するカル
ノーサイクルの効率を考えると，トムソンの原理より

$$1 - \frac{T_L}{T_H} < 1$$

よって，$T_L > 0$ となるから，絶対零度の熱源というものは存在しない．

3.9. クラウジウスの不等式

　前節で示したカルノーサイクルに関する結果には，熱機関の最大効率という実用的な重要性がある．しかし，さらに重要な意義がある．熱力学の体系を基礎付ける上で，不可欠の結果であるといっても過言ではない．本節では，前節の結果を発展させて，**クラウジウスの不等式**を導出する．このクラウジウスの不等式を基礎に，次節で一般的な場合のエントロピーが導入される．

　2つの熱源を用いて作動する任意のサイクルの効率を η とする．それぞれの熱源の温度を T_1, T_2，サイクルがそれぞれの熱源から得る熱を Q_1, Q_2 とする．$T_1 < T_2$ を仮定すると，$Q_1 < 0$，$Q_2 > 0$ であり，

$$\eta = 1 + \frac{Q_1}{Q_2}$$

となる．カルノーサイクルの効率を η_C とすると，$\eta_C = 1 - \dfrac{T_1}{T_2}$ であり，前節で示したように

$$\eta \le \eta_C$$

だから，

$$1 + \frac{Q_1}{Q_2} \le 1 - \frac{T_1}{T_2}$$

整理すると，

$$\frac{Q_1}{T_1} + \frac{Q_2}{T_2} \le 0$$

等号成立は，サイクルが可逆のときである．この不等式が，熱源が2つの場合のクラウジウスの不等式である．

　一般の場合のクラウジウスの不等式を書いておこう．n 個の熱源を用いて作動する任意の熱機関があるとする．j 番目の熱源の温度を T_j，熱機関が得る熱を Q_j とすると，

$$\sum_{j=1}^{n} \frac{Q_j}{T_j} \leq 0 \tag{12}$$

が成り立つ. これがクラウジウスの不等式である. 等号成立は, 熱機関が可逆のときである.

クラウジウスの不等式には積分形があり

$$\oint_C \frac{d'Q}{T} \leq 0 \tag{13}$$

である. 積分記号の下のCはサイクルを表す. サイクルであることを示すために, "$\int$" ではなく, "$\oint$" という積分記号を用いている.

等号はCが可逆のときに成り立つ. 積分はこのサイクルについての線積分である.

さて, クラウジウスの不等式を証明しよう. n個の熱源 $R_1, R_2, ..., R_n$ を用いて作動する一般の熱機関 C を考える. $j = 1, 2, ..., n$ として熱源 R_j の温度を T_j とし, 熱機関 C が熱源 R_j から得る熱を Q_j とする. Q_j は正だけでなく負のものもあることに注意しよう. 熱機関 C が外へする仕事を W とすると

$$W = \sum_{j=1}^{n} Q_j$$

である.

ここで, もう1つの熱源 R を導入する. 熱源 R の温度は, 他の熱源 $R_1, R_2, ..., R_n$ の温度のいずれよりも高いとする. 熱源 R の温度を T としよう. そして, 図 3-4 に示したように, 熱源 R_j と熱源 R の間でカルノーサイクル C_j を作動させる. ここでポイントは, カルノーサイクル C_j を調節して, 熱源 R_j へ移動させる熱を Q_j にすることである. なお, $Q_j < 0$ の場合には, カルノーサイクルを逆回しする. 一方, カルノーサイクル C_j が熱源 R から得る熱を Q'_j とする.

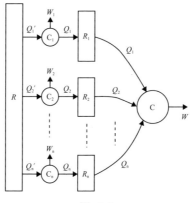

図 3-4

カルノーサイクル C_j の効率を考えると

$$1 - \frac{Q_j}{Q'_j} = 1 - \frac{T_j}{T}$$

この式より，

$$Q'_j = \frac{T}{T_j} Q_j \tag{14}$$

カルノーサイクル C_j が外へする仕事を W_j とすると，

$$W_j = Q'_j - Q_j \tag{15}$$

　この系全体を 1 つの熱機関とみなすと，この熱機関は 1 つの熱源 R から熱 $\sum_{j=1}^{n} Q'_j = Q$ を得て，外へ仕事

$$W + \sum_{j=1}^{n} W_j$$

をなす．　式(15)を代入して変形すると

$$W + \sum_{j=1}^{n} W_j = \sum_{j=1}^{n} Q_j + \sum_{j=1}^{n} \left(Q'_j - Q_j \right) = \sum_{j=1}^{n} Q'_j = Q$$

よって，1 つの熱源から得た熱 Q をすべて仕事に変えていることになる．したがって，トムソンの原理より $Q \leq 0$ となるから式(14)より

$$Q = \sum_{j=1}^{n} Q'_j = \sum_{j=1}^{n} \frac{T}{T_j} Q_j \leq 0$$

すなわち

$$\sum_{j=1}^{n}\frac{Q_j}{T_j} \le 0 \tag{16}$$

が成り立つ．これがクラウジウスの不等式である．等号成立は，熱機関 C が可逆のときである．なぜなら，全体を逆回ししたとすると，外へする仕事は，

$$(-W)+\sum_{j=1}^{n}(-W_j)=\sum_{j=1}^{n}\left(-\frac{T}{T_j}Q_j\right)$$

となるが，やはりトムソンの原理より，$\displaystyle\sum_{j=1}^{n}\left(-\frac{T}{T_j}Q_j\right)\le 0$ が成り立つ．この不等式と式(16)より $\displaystyle\sum_{j=1}^{n}\frac{Q_j}{T_j}=0$ となる．

　積分形のクラウジウスの不等式については，次のように考えればよい．温度が ΔT ずつ異なる n 個の熱源を導入し，j 番目の熱源の温度を $T_j = T_1 + \Delta T \cdot (j-1)$ と書く．これらの熱源を用いて作動する熱機関のサイクル C を考え，j 番目の熱源から熱機関が得る熱を ΔQ_j とする．ΔQ_j は正でも負でも構わない．また，$\Delta Q_j = 0$ の場合もあり得る．つまり，熱源を温度 ΔT 違いで多数導入しているが，用いない熱源があってもよい．

　さて，サイクル C を温度が上昇する経路と下降する経路に分けて考える．温度が上昇する経路では，次のような和を考えることになる．

$$\sum_{j=1}^{n}\frac{\Delta Q_j}{T_1+\Delta T\cdot(j-1)}$$

この式を

$$\Delta T\sum_{j=1}^{n}\frac{1}{T_1+\Delta T\cdot(j-1)}\frac{\Delta Q_j}{\Delta T}$$

と変形して，$n \to \infty$ の極限をとる．$T_\infty = \lim_{n\to\infty}T_n$ をもっとも高温の熱源の温度とすると，T_∞ は有限だから，$\Delta T = \dfrac{T_n-T_1}{n-1}\to 0$．よって

$$\lim_{n\to\infty}\Delta T\sum_{j=1}^{n}\frac{1}{T_1+\Delta T\cdot(j-1)}\frac{\Delta Q_j}{\Delta T}=\int dT\frac{1}{T}\frac{d'Q}{dT}=\int\frac{d'Q}{T}$$

温度が下降する経路についても同様に考え，両者を合わせると

$$\oint_{C}\frac{d'Q}{T}\le 0$$

が成り立つ．等号成立は式(16)の場合と同様，熱機関が可逆のときである．

【例題】$n>2$として，n個の熱源 $R_1,R_2,...,R_n$ を用いて作動する一般の熱機関を考える．熱源 R_j の温度を T_j とする．この熱機関の効率の上限を求めよ．

【解答】熱機関が熱源 R_j から得る熱を Q_j とおく．この熱機関の効率 η は

$$\eta=\frac{\displaystyle\sum_{j=1}^{n}Q_j}{\displaystyle\sum_{j=1:Q_j>0}^{n}Q_j}=1+\frac{\displaystyle\sum_{j=1:Q_j<0}^{n}Q_j}{\displaystyle\sum_{j=1:Q_j>0}^{n}Q_j}$$

と書ける．分母の和は，$Q_j>0$ の項のみの和をとることを意味している．右辺第2項の分子の和は $Q_j<0$ の項のみの和をとる．クラウジウスの不等式より，

$$\sum_{j=1}^{n}\frac{Q_j}{T_j}=\sum_{j=1:Q_j>0}^{n}\frac{Q_j}{T_j}+\sum_{j=1:Q_j<0}^{n}\frac{Q_j}{T_j}\le 0$$

よって，

$$\sum_{j=1:Q_j>0}^{n}\frac{Q_j}{T_j}\le\sum_{j=1:Q_j<0}^{n}\frac{-Q_j}{T_j}$$

左辺と右辺については，それぞれ次の不等式が成り立つ．熱源の最高温度を $T_{\max}$，最低温度を $T_{\min}$ とすると

$$\sum_{j=1:Q_j>0}^{n}\frac{Q_j}{T_j}\ge\frac{\displaystyle\sum_{j=1:Q_j>0}^{n}Q_j}{T_{\max}}$$

$$\sum_{j=1:Q_j<0}^{n} \frac{-Q_j}{T_j} \le \frac{\sum\limits_{j=1:Q_j<0}^{n} (-Q_j)}{T_{\min}}$$

ゆえに

$$\frac{\sum\limits_{j=1:Q_j>0}^{n} Q_j}{T_{\max}} \le \sum_{j=1:Q_j>0}^{n} \frac{Q_j}{T_j} \le \sum_{j=1:Q_j<0}^{n} \frac{-Q_j}{T_j} \le \frac{\sum\limits_{j=1:Q_j<0}^{n} (-Q_j)}{T_{\min}}$$

したがって,

$$\frac{\sum\limits_{j=1:Q_j>0}^{n} Q_j}{T_{\max}} \le \frac{\sum\limits_{j=1:Q_j<0}^{n} (-Q_j)}{T_{\min}}$$

が成り立つから,

$$\eta = 1 + \frac{\sum\limits_{j=1:Q_j<0}^{n} Q_j}{\sum\limits_{j=1:Q_j>0}^{n} Q_j} = 1 - \frac{\sum\limits_{j=1:Q_j<0}^{n} (-Q_j)}{\sum\limits_{j=1:Q_j>0}^{n} Q_j} \le 1 - \frac{T_{\min}}{T_{\max}}$$

よってこの熱機関の効率の上限は

$$\eta = 1 - \frac{T_{\min}}{T_{\max}}$$

である.

　この例題の結果から, 3個以上の熱源を用いる熱機関の効率は, 熱源のうち最高温度をもつ熱源と最低温度をもつ熱源の2つの熱源を用いて作動するカルノーサイクルの効率を超えないことがわかる. したがって, カルノーサイクルの効率はすべての熱機関のなかで最大の効率をもつということになる.

3.10.　エントロピー

　前節で導出したクラウジウスの不等式を用いて, エントロピーを定義しよう. 一般のサイクル c が可逆のとき,

$$\oint_C \frac{d'Q}{T} = 0$$

が成り立つ.

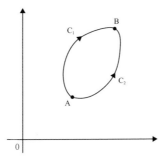

図 3-5

図 3-5 に示すようにサイクル C を，サイクル C 上の熱平衡状態 A, B を結ぶ 2 つの過程 C_1, C_2 に分ける．縦軸と横軸は熱力学変数を表すが，P, V でなくてもよい．また，線積分は高次元空間でも定義できるから，変化させる熱力学変数が複数あって，2 次元よりも高い次元の空間の場合でも同様である．

過程 C_2 を逆向きに変化させる過程を $\bar{C}_2$ と書くと

$$\oint_C \frac{d'Q}{T} = \int_{C_1} \frac{d'Q}{T} + \int_{\bar{C}_2} \frac{d'Q}{T} = \int_{C_1} \frac{d'Q}{T} - \int_{C_2} \frac{d'Q}{T} = 0$$

よって,

$$\int_{C_1} \frac{d'Q}{T} = \int_{C_2} \frac{d'Q}{T}$$

が成り立つ．ゆえに，この積分は 2 つの熱平衡状態 A, B を結ぶ経路によらない．したがって，ある状態量 S が存在して，熱平衡状態 A, B における S の値をそれぞれ S_A, S_B とすると

$$\int_{C_1} \frac{d'Q}{T} = \int_{\bar{C}_2} \frac{d'Q}{T} = S_B - S_A$$

と書ける．特に，無限小過程については

$$\frac{d'Q}{T} = dS \tag{17}$$

となる.

　このようにして導入した S がエントロピーである. 理想気体の場合と違って, 式(17)が一般的に成り立つことに注意しよう. 理想気体の場合には, 熱力学第 1 法則と理想気体の状態方程式を用いて式(17)を示した. ここでは, 一般の場合に成り立つクラウジウスの不等式を用いて, エントロピーを定義しているのである.

　さて, 上のエントロピーの導出では, 過程 C が可逆であることを仮定した. 可逆とは限らない場合, クラウジウスの不等式より

$$\oint_C \frac{d'Q}{T} = \int_{C_1} \frac{d'Q}{T} + \int_{C_2} \frac{d'Q}{T} \leq 0$$

ここで過程 $\overline{C}_2$ が可逆のとき,

$$\int_{C_2} \frac{d'Q}{T} = -\int_{\overline{C}_2} \frac{d'Q}{T} = -S_B + S_A$$

よって,

$$S_B - S_A \geq \int_{C_1} \frac{d'Q}{T}$$

が成り立つ. すなわち, 2 つの熱平衡状態 A, B を結ぶ任意の過程 C について

$$S_B - S_A \geq \int_C \frac{d'Q}{T} \tag{18}$$

が成り立つ. 等号成立は, 過程 C が可逆のときである.

　不可逆過程については,

$$S_B - S_A > \int_C \frac{d'Q}{T}$$

特に, 不可逆の無限小過程の場合には,

$$dS > \frac{d'Q}{T}$$

となる.

3.11. 熱力学第 2 法則

前節で導入されたエントロピーを用いると，熱力学第 2 法則を別の形で表現することができる．熱を用いた表現が，クラウジウスの原理とトムソンの原理であった．しかし，熱を用いた表現は，一般的な状況では使いにくい．汎用性のある熱力学第 2 法則の表現は，以下の通りである．

【エントロピー増大の原理】孤立系における変化は，エントロピーが増大する方向におきる．

いま，孤立系が状態 A（熱平衡状態とはかぎらない）にあるとする．任意の変化の過程 C により，系が熱平衡状態 B に変化したとする．前節で示した式(18)において，孤立系で $d'Q = 0$ であることを用いると

$$S_B \geq S_A$$

となる．過程 C が可逆であれば，等号が成り立つから，エントロピーは変化しない．一方，不可逆であれば $S_B > S_A$ だから，孤立系における状態の変化は，エントロピーが増大する方向に起きるということになる．

【例題】上記のエントロピー増大の原理と，クラウジウスの原理が同値であることを示せ．

【解答】エントロピー増大の原理を S，クラウジウスの原理を C と略記する．それぞれの否定を $\bar{S}$ および $\bar{C}$ とかく．

温度 T_H の高温熱源と温度 T_L の低温熱源を考える．全体では孤立系であるとする．高温熱源から低温熱源へ熱 Q が移動したと仮定する．このとき，低温熱源のエントロピー変化は $\dfrac{Q}{T_L}$ であり，高温熱源のエントロピー変化は $\dfrac{-Q}{T_H}$ である．よって，系全体でのエントロピー変化 ΔS は

$$\Delta S = \frac{Q}{T_L} + \frac{-Q}{T_H} = \frac{T_H - T_L}{T_L T_H} Q$$

となる．この式から，$\bar{C}$ を仮定すると $Q < 0$ だから $\Delta S < 0$ となる．すなわち，$\bar{S}$ が成り立つ．ゆえに，$\bar{C} \Rightarrow \bar{S}$ である．また，$\bar{S}$ を仮定すると，

$\Delta S < 0$ だからこの式より $Q < 0$ となる．すなわち， $\overline{C}$ が成り立つ．よって， $\overline{S} \Rightarrow \overline{C}$ である．

以上より， $\overline{S} \Leftrightarrow \overline{C}$ が成り立つから， $S \Leftrightarrow C$ が成り立つ．つまり，エントロピー増大の原理とクラウジウスの原理は同値である．

3.12.　熱力学関数

これまでエネルギーと関連して定義された量は，内部エネルギー U のみであった．すでに述べたように，内部エネルギーは示量変数のみの関数である． S, V, N 以外の示量変数が存在する場合も考慮して，その示量変数を X としよう．以下の式は， X が複数ある場合にも容易に拡張することができる．示量変数が S, V, N, X の場合，

$$U = U(S, V, N, X)$$

である．無限小変化： $S \to S + dS$， $V \to V + dV$， $N \to N + dN$， $X \to X + dX$ について，

$$dU = U(S + dS, V + dV, N + dN, X + dX) - U(S, V, N, X)$$
$$= TdS - PdV + \mu dN + xdX$$

となる．ただし，示量変数 X に共役な示強変数を x とおいた．内部エネルギーは， S, V, N, X の関数だから，体積が一定の場合や，断熱過程の場合には，考えるべき変数が少なくなる．

さて，温度一定の条件のもとでは，内部エネルギーよりも便利な熱力学関数が存在する．ヘルムホルツ自由エネルギー F を

$$F = U - TS$$

で定義する．無限小変化を考えると

$$dF = dU - TdS - SdT = -SdT - PdV + \mu dN + xdX$$

したがって， F は T, V, N, X の関数となる．このような変数の変換方法を**ルジャンドル変換**とよぶ．

さらに，圧力が一定の場合には，次のギブスの自由エネルギー G を定義すると便利である．

$$G = F + PV$$

無限小変化について

$$dG = dF + PdV + VdP = -SdT + VdP + \mu dN + xdX$$

となる．応用上，重要な変化の過程は，温度と圧力が一定の場合である．化学反応過程が一例である．そのような場合には，ギブスの自由エネルギーが重要な役割を演じる．

もう１つの熱力学関数としてエンタルピーを

$$H = U + PV$$

で定義する．無限小過程について

$$dH = TdS + VdP + \mu dN + xdX$$

となる．

さて，内部エネルギーが示量変数のみの関数であることを用いると，

$$U = TS - PV + \mu N + xX$$

を示すことができる．この式を証明しよう．n個の等価な部分系からなる系を考える．それぞれの部分系のエントロピー，体積，粒子数，示量変数 X がそれぞれ S, V, N, X であるとする．このとき

$$U(nS, nV, nN, nX) = nU(S, V, N, X)$$

が成り立つ．左辺は系全体で考えたときの内部エネルギーであり，右辺は部分系の内部エネルギーの和である．当然のことながら，両者は等しい．この等式を n で微分すると

$$\left.\frac{\partial U}{\partial S}\right|_{nS,nV,nN,nX} S + \left.\frac{\partial U}{\partial V}\right|_{nS,nV,nN,nX} V + \left.\frac{\partial U}{\partial N}\right|_{nS,nV,nN,nX} N + \left.\frac{\partial U}{\partial X}\right|_{nS,nV,nN,nX} X = U(S,V,N,X)$$

左辺の添字の nS, nV, nN, nX は関数の引数の S, V, N, X にそれぞれ nS, nV, nN, nX を代入することを意味する．ここで

$$\frac{\partial U}{\partial S} = T, \ \frac{\partial U}{\partial V} = -P, \ \frac{\partial U}{\partial N} = \mu, \ \frac{\partial U}{\partial X} = x$$

であることと，これら示強変数は系全体での値と部分系での値が一致することを用いれば

$$\left.\frac{\partial U}{\partial S}\right|_{nS,nV,nN,nX} = T(nS, nV, nN, nX) = T(S, V, N, X)$$

などが成り立つ．よって

$$U(S, V, N, X) = TS - PV + \mu N + xX$$

であることがわかる.

　さて, この等式から

$$F = -PV + \mu N + xX, \ G = \mu N + xX$$

などが得られる. 第2式より

$$dG = \mu dN + N d\mu + xdX + Xdx$$

一方, 熱力学第1法則より $dG = -SdT + VdP + \mu dN + xdX$ だから, この2
式より

$$\mu dN + N d\mu + xdX + Xdx = -SdT + VdP + \mu dN + xdX$$

よって

$$SdT - VdP + N d\mu + Xdx = 0$$

が成り立つことがわかる. この等式を**ギブス-デュエムの関係式**とよ
ぶ. ギブス-デュエムの関係式は, 示強変数が完全に独立ではなく,
1つの示強変数は他の示強変数の関数として書けることを意味して
いる. 実際,

$$d\mu = -\frac{S}{N}dT + \frac{V}{N}dP - \frac{X}{N}dx$$

と書くとわかるように, 化学ポテンシャル μ は T, P, x の関数となる.

　【例題】理想気体の化学ポテンシャルが P, T の関数として

$$\mu = \mu_0(T) + k_B T \log P$$

と書けることを, ギブス-デュエムの関係式を用いて示せ. ここで
$\mu_0(T)$ は温度のみの関数である.

　【解】理想気体の場合, 示量変数は S, V, N だから, ギブス-デュエム
の関係式より

$$d\mu = -\frac{S}{N}dT + \frac{V}{N}dP$$

よって,

$$\left(\frac{\partial \mu}{\partial P}\right)_T = \frac{V}{N} = \frac{k_B T}{P}$$

ただし, 理想気体の状態方程式を用いた. P について積分すると,

$$\mu = k_B T \log P + const.$$

ここで右辺第2項の積分定数は，一般に温度の関数である．これを $\mu_0(T)$ とおくと，

$$\mu = \mu_0(T) + k_B T \log P$$

となる．特に，1モルあたりの化学ポテンシャルを $\bar{\mu}$ と書くと，アボガドロ数を N_A として，

$$\bar{\mu} = N_A \mu = \bar{\mu}_0(T) + RT \log P$$

となる．ただし，$\bar{\mu}_0(T) = N_A \mu_0(T)$ である．

3.13. 変化がおきる向きと熱平衡条件

前節でさまざまな熱力学関数を導入した．これらの熱力学関数を用いて，いろいろな条件下での，変化がおきる向きと熱平衡条件を明らかにしよう．

まず，孤立系を考える．孤立系については，すでに 3.10 節でみたように，変化がおきる向きは，エントロピーが増大する向きである．系はエントロピーが大きくなる方向へどんどん変化していく．したがって，熱平衡の条件はエントロピーが最大の状態ということになる．

次に，一般的な場合を考えよう．式(18)を用いる．系が最初に状態 A（熱平衡状態とはかぎらない）にあるとする．変化後の熱平衡状態を B，状態 A, B を結ぶ任意の変化の過程を C とすると

$$\int_C \frac{d'Q}{T} \le S_B - S_A$$

が成り立つ．無限小過程で考えると

$$\frac{d'Q}{T} \le dS \tag{19}$$

左辺と右辺の違いを確認しておこう．左辺は任意の無限小過程についての式である．また，右辺はエントロピーが状態量であることから得られる式である．左辺の無限小過程が可逆であれば，等号が成り立つ．

簡単のため，示量変数が S, V, N で粒子数 N が一定の場合を考えよう．熱力学第1法則より

$$d'Q = dU + PdV$$

式(19)に代入して整理すると

$$dU + PdV - TdS \leq 0$$

$F = U - TS$を用いて書き換えると，$dU = dF + TdS + SdT$だから

$$dF + SdT + PdV \leq 0$$

よって，温度が一定で体積が一定の条件のもとでは，$dT = 0$，$dV = 0$だから

$$dF \leq 0$$

となる．ゆえに，温度が一定で体積が一定の条件下では，変化がおきる向きはFが減少する向きということになる．熱平衡の条件は，Fが最小値をとることである．

　それでは，温度が一定で圧力が一定の場合はどうなるだろうか．この場合は，ギブスの自由エネルギーを用いる．$dG = dF + PdV + VdP$を用いると

$$dG - VdP + SdT \leq 0$$

温度が一定で圧力が一定だから，$dT = 0$，$dP = 0$である．よって

$$dG \leq 0$$

ゆえに，温度が一定で圧力が一定の条件下で変化がおきる向きは，Gが減少する向きということになる．熱平衡の条件は，Gが最小値をとることである．

　以上をまとめると，下の表のようになる．

条件	変化の向き	熱平衡条件
孤立系	S が増大する向き	S が最大
T, V が一定	F が減少する向き	F が最小
T, P が一定	G が減少する向き	G が最小

　次に，2つの系の間での熱平衡条件を考えよう．2つの系をあわせた全体は孤立系であるとする．2つの系をそれぞれ系1，系2とする．系1のエントロピーをS_1，系2のエントロピーをS_2と書く．それぞれの系の状態変数を，同様に下付き添字の1，2を用いて表す．示量変数として，内部エネルギーU，体積V，粒子数N，その他の変数Xが

ある場合を考える．変数 X に共役な示強変数を x と書く．$j=1,2$ として

$$S_j = S_j\left(U_j, V_j, N_j, X_j\right)$$

である．全体のエントロピーは $S = S_1 + S_2$ で与えられる．

$$U = U_1 + U_2, \quad V = V_1 + V_2, \quad N = N_1 + N_2, \quad X = X_1 + X_2$$

とおくと，U, V, N, X は一定で

$$S = S_1\left(U_1, V_1, N_1, X_1\right) + S_2\left(U - U_1, V - V_1, N - N_1, X - X_1\right)$$

である．変数 U_1, V_1, N_1, X_1 を無限小変化させたとすると，

$$dS = \frac{\partial S_1}{\partial U_1} dU_1 + \frac{\partial S_1}{\partial V_1} dV_1 + \frac{\partial S_1}{\partial N_1} dN_1 + \frac{\partial S_1}{\partial X_1} dX_1$$
$$- \frac{\partial S_2}{\partial U_2} dU_1 - \frac{\partial S_2}{\partial V_2} dV_1 - \frac{\partial S_2}{\partial N_2} dN_1 - \frac{\partial S_2}{\partial X_2} dX_1$$

一方，

$$dU_j = T_j dS_j - P_j dV_j + \mu_j dN_j + x_j dX_j$$

より

$$dS_j = \frac{1}{T_j} dU_j + \frac{P_j}{T_j} dV_j - \frac{\mu_j}{T_j} dN_j - \frac{x_j}{T_j} dX_j$$

よって

$$dS = \left(\frac{1}{T_1} - \frac{1}{T_2}\right) dU_1 + \left(\frac{P_1}{T_1} - \frac{P_2}{T_2}\right) dV_1 + \left(-\frac{\mu_1}{T_1} + \frac{\mu_2}{T_2}\right) dN_1 + \left(-\frac{x_1}{T_1} + \frac{x_2}{T_2}\right) dX_1$$

となる．

さて，2つの系の間の熱平衡の条件を考えるのだが，2つの系の接触のさせ方にさまざまな場合がある．まず，2つの系が透熱のしきりで隔てられており，変数 V_j, N_j, X_j がそれぞれの系で変化しない場合を考えよう．このとき，

$$dS = \left(\frac{1}{T_1} - \frac{1}{T_2}\right) dU_1$$

となる．よって，$T_1 > T_2$ の場合には，$dS > 0$ となるように $dU_1 < 0$ となる変化がおきる．つまり，系1の内部エネルギーが減少するように，

系1から系2へ熱の移動がおきる．逆に，$T_1 < T_2$の場合には，系2から系1へ熱の移動がおきる．2つの系での熱平衡条件は，$T_1 = T_2$である．しきりが可動壁であれば,さらに$P_1/T_1 = P_2/T_2$，すなわち$P_1 = P_2$の条件が加わる．

　次に，2つの系の間のしきりが透熱でかつ粒子の交換を許す場合を考えよう．このとき，

$$dS = \left(\frac{1}{T_1} - \frac{1}{T_2} \right) dU_1 + \left(-\frac{\mu_1}{T_1} + \frac{\mu_2}{T_2} \right) dN_1$$

となる．この場合の熱平衡条件は，

$$\frac{1}{T_1} = \frac{1}{T_2}, \qquad \frac{\mu_1}{T_1} = \frac{\mu_2}{T_2}$$

すなわち，$T_1 = T_2, \mu_1 = \mu_2$である．

　では，$T_1 = T_2$で$\mu_1 > \mu_2$の場合にはどうなるだろうか．このとき，

$$dS = -\frac{\mu_1 - \mu_2}{T_1} dN_1$$

である．変化が起こるとすれば，$dS > 0$となる過程である．よって，$\mu_1 > \mu_2$より，$dN_1 < 0$となる変化が起きる．すなわち，系1から系2へ粒子が移動する．粒子は，化学ポテンシャルが大きい領域から，小さい領域へ移動することがわかる．

　2つの系の間にしきりがなく，U_j, V_j, N_j, X_jすべての変数が変化する場合には，熱平衡条件は$dS = 0$より

$$T_1 = T_2,\ P_1 = P_2,\ \mu_1 = \mu_2,\ x_1 = x_2$$

となる．

3.14.　マクスウェルの関係式

　熱力学の面白さの1つは，一見すると関係がなさそうな2つの量が等式で結ばれることである．しかもその等式が，普遍的に成り立つ．ここでは内部エネルギー等が全微分であることから導かれる**マクスウェルの関係式**について説明する．

　示量変数が S, V, N の系の内部エネルギー U の無限小変化分は

$$dU = TdS - PdV + \mu dN \tag{20}$$

と書ける．簡単のために，まず，粒子数が一定の場合を考えよう．このとき，

$$dU = TdS - PdV$$

となる．ここで dU は全微分の記号であったことを思い起こそう．全微分の条件式(3)を 2.3 節で示した．上式に適用すると

$$\frac{\partial T}{\partial V} = -\frac{\partial P}{\partial S}$$

となる．一定にする変数を明記すると

$$\left(\frac{\partial T}{\partial V}\right)_S = -\left(\frac{\partial P}{\partial S}\right)_V \tag{21}$$

となる．左辺は温度を体積で偏微分した量であり，右辺は圧力をエントロピーで偏微分した量である．両者はまったく関係なさそうだが，等式で結ばれる．このような等式をマクスウェルの関係式とよぶ．

　全微分の条件(3)は，3 変数の場合も同様である．$A(x,y,z)$, $B(x,y,z)$, $C(x,y,z)$ を x, y, z の関数とする．無限小量

$$A(x,y,z)dx + B(x,y,z)dy + C(x,y,z)dz$$

が全微分のとき，

$$\frac{\partial A}{\partial y} = \frac{\partial B}{\partial x}, \; \frac{\partial A}{\partial z} = \frac{\partial C}{\partial x}, \; \frac{\partial B}{\partial z} = \frac{\partial C}{\partial y}$$

が成り立つ．一定にする変数を明記すると

$$\left(\frac{\partial A}{\partial y}\right)_{z,x} = \left(\frac{\partial B}{\partial x}\right)_{y,z}, \; \left(\frac{\partial A}{\partial z}\right)_{x,y} = \left(\frac{\partial C}{\partial x}\right)_{y,z}, \; \left(\frac{\partial B}{\partial z}\right)_{x,y} = \left(\frac{\partial C}{\partial y}\right)_{z,x}$$

となる．

　式(20)にこの公式を適用すれば，式(21)の他に

$$\left(\frac{\partial T}{\partial N}\right)_{S,V} = \left(\frac{\partial \mu}{\partial S}\right)_{V,N}, \; -\left(\frac{\partial P}{\partial N}\right)_{S,N} = \left(\frac{\partial \mu}{\partial V}\right)_{S,N}$$

が成り立つ．同様に，粒子数が一定の場合，

$$dF = -SdT - PdV$$
$$dG = -SdT + VdP$$
$$dH = TdS + VdP$$

がいずれも全微分であることから導かれるマクスウェルの関係式を書くと

$$\left(\frac{\partial S}{\partial V}\right)_T = \left(\frac{\partial P}{\partial T}\right)_V$$

$$-\left(\frac{\partial S}{\partial P}\right)_T = \left(\frac{\partial V}{\partial T}\right)_P$$

$$\left(\frac{\partial T}{\partial P}\right)_T = \left(\frac{\partial V}{\partial S}\right)_P$$

となる.

　【例題】次のエネルギー方程式

$$\left(\frac{\partial U}{\partial V}\right)_T = T\left(\frac{\partial P}{\partial T}\right)_V - P$$

が成り立つことをマクスウェルの関係式を用いて示せ.

　【解答】熱力学第 1 法則より

$$dU = TdS - PdV$$

この式より

$$\left(\frac{\partial U}{\partial V}\right)_T = T\left(\frac{\partial S}{\partial V}\right)_T - P$$

マクスウェルの関係式

$$\left(\frac{\partial S}{\partial V}\right)_T = \left(\frac{\partial P}{\partial T}\right)_V$$

を代入すると,

$$\left(\frac{\partial U}{\partial V}\right)_T = T\left(\frac{\partial P}{\partial T}\right)_V - P$$

3.15.　偏微分の公式と独立変数の変更

　熱力学では偏微分が頻繁に出てくる. 本節では, 偏微分に関する公式をいくつか導出する.

変数 x, y, z が関係式 $f(x, y, z) = 0$ を満たしているとする。このとき，

$$\left(\frac{\partial y}{\partial x}\right)_z = \frac{1}{\left(\dfrac{\partial x}{\partial y}\right)_z}$$

および

$$\left(\frac{\partial y}{\partial x}\right)_z \left(\frac{\partial x}{\partial z}\right)_y \left(\frac{\partial z}{\partial y}\right)_x = -1$$

が成り立つ。

【証明】 $df = f_x dx + f_y dy + f_z dz = 0$ より

$$\left(\frac{\partial y}{\partial x}\right)_z = -\frac{f_x}{f_y}$$

$$\left(\frac{\partial x}{\partial y}\right)_z = -\frac{f_y}{f_x}$$

よって，

$$\left(\frac{\partial y}{\partial x}\right)_z - \frac{1}{\left(\dfrac{\partial x}{\partial y}\right)_z} = -\frac{f_x}{f_y} + \frac{f_x}{f_y} = 0$$

ゆえに，与式が成り立つ。また，

$$\left(\frac{\partial x}{\partial z}\right)_y = -\frac{f_z}{f_x}, \quad \left(\frac{\partial z}{\partial y}\right)_x = -\frac{f_y}{f_z}$$

が成り立つから，

$$\left(\frac{\partial y}{\partial x}\right)_z \left(\frac{\partial x}{\partial z}\right)_y \left(\frac{\partial z}{\partial y}\right)_x = \left(-\frac{f_x}{f_y}\right)\left(-\frac{f_z}{f_x}\right)\left(-\frac{f_y}{f_z}\right) = -1$$

【例】 $\left(\dfrac{\partial T}{\partial S}\right)_V = \dfrac{1}{\left(\dfrac{\partial S}{\partial T}\right)_V}$, $\left(\dfrac{\partial P}{\partial V}\right)_T \left(\dfrac{\partial V}{\partial T}\right)_P \left(\dfrac{\partial T}{\partial P}\right)_V = -1$.

状態量 A がある。独立変数の取り方として（ i ）(X, y) および（ ii ）(x, y) の 2 つの場合があるとする。このとき

$$\left(\frac{\partial A}{\partial y}\right)_x = \left(\frac{\partial A}{\partial y}\right)_X + \left(\frac{\partial A}{\partial X}\right)_y \left(\frac{\partial X}{\partial y}\right)_x$$

が成り立つ.

【証明】 (X,y)を独立変数にとったとき

$$dA = \left(\frac{\partial A}{\partial X}\right)_y dX + \left(\frac{\partial A}{\partial y}\right)_X dy$$

一方, (x,y)を独立変数にとったとき, Xは(x,y)を用いて表せるから

$$dX = \left(\frac{\partial X}{\partial x}\right)_y dx + \left(\frac{\partial X}{\partial y}\right)_x dy$$

したがって, 独立変数を(X,y)から(x,y)へ変更すると

$$dA = \left(\frac{\partial A}{\partial X}\right)_y dX + \left(\frac{\partial A}{\partial y}\right)_X dy$$

$$= \left(\frac{\partial A}{\partial X}\right)_y \left[\left(\frac{\partial X}{\partial x}\right)_y dx + \left(\frac{\partial X}{\partial y}\right)_x dy\right] + \left(\frac{\partial A}{\partial y}\right)_X dy$$

よって

$$\left(\frac{\partial A}{\partial y}\right)_x = \left(\frac{\partial A}{\partial y}\right)_X + \left(\frac{\partial A}{\partial X}\right)_y \left(\frac{\partial X}{\partial y}\right)_x \tag{22}$$

【例題】 定積熱容量と定圧熱容量をそれぞれC_V, C_Pとする. 次式が成り立つことを示せ.

$$C_V = C_P - T\left(\frac{\partial V}{\partial T}\right)_P \left(\frac{\partial P}{\partial T}\right)_V$$

【解答】 式(22)において, $A = S, y = T, x = V, X = P$とおくと

$$\left(\frac{\partial S}{\partial T}\right)_V = \left(\frac{\partial S}{\partial T}\right)_P + \left(\frac{\partial S}{\partial P}\right)_T \left(\frac{\partial P}{\partial T}\right)_V$$

両辺にTをかけて,

$$C_V = T\left(\frac{\partial S}{\partial T}\right)_V, \ C_P = T\left(\frac{\partial S}{\partial T}\right)_P$$

を用いると

$$C_V = C_P + T\left(\frac{\partial S}{\partial P}\right)_T \left(\frac{\partial P}{\partial T}\right)_V$$

マクスウェルの関係式より

$$\left(\frac{\partial S}{\partial P}\right)_T = -\left(\frac{\partial V}{\partial T}\right)_P$$

が成り立つから，代入して

$$C_V = C_P - T\left(\frac{\partial V}{\partial T}\right)_P\left(\frac{\partial P}{\partial T}\right)_V$$

特に，理想気体の場合には状態方程式を用いると

$$\left(\frac{\partial V}{\partial T}\right)_P = \frac{nR}{P}, \left(\frac{\partial P}{\partial T}\right)_V = \frac{nR}{V}$$

だから

$$C_V = C_P - T\frac{nR}{P}\frac{nR}{V} = C_P - nR$$

すなわち，$C_P = C_V + nR$ となり，マイヤーの関係式となる．

次にヤコビアンの方法と呼ばれる強力な公式を導出する．変数 x, y の関数 $u(x,y), v(x,y)$ について

$$\frac{\partial(u,v)}{\partial(x,y)} = \begin{vmatrix} \dfrac{\partial u}{\partial x} & \dfrac{\partial u}{\partial y} \\ \dfrac{\partial v}{\partial x} & \dfrac{\partial v}{\partial y} \end{vmatrix} = \frac{\partial u}{\partial x}\frac{\partial v}{\partial y} - \frac{\partial u}{\partial y}\frac{\partial v}{\partial x}$$

を定義する．右辺の行列式をヤコビアンとよぶ．変数 x, y が，さらに変数 p, q の関数であるとき，

$$\frac{\partial(u,v)}{\partial(p,q)} = \frac{\partial(u,v)}{\partial(x,y)}\frac{\partial(x,y)}{\partial(p,q)}$$

が成り立つ．

【証明】 u, v の全微分の式を書くと

$$du = \frac{\partial u}{\partial x}dx + \frac{\partial u}{\partial y}dy$$

$$dv = \frac{\partial v}{\partial x}dx + \frac{\partial v}{\partial y}dy$$

この2式は

$$
\begin{pmatrix} du \\ dv \end{pmatrix} = \begin{pmatrix} \dfrac{\partial u}{\partial x} & \dfrac{\partial u}{\partial y} \\ \dfrac{\partial v}{\partial x} & \dfrac{\partial v}{\partial y} \end{pmatrix} \begin{pmatrix} dx \\ dy \end{pmatrix}
$$

とまとめて書くことができる. 仮定より $x = x(p,q),\quad y = y(p,q)$ だから, 同様に

$$
\begin{pmatrix} dx \\ dy \end{pmatrix} = \begin{pmatrix} \dfrac{\partial x}{\partial p} & \dfrac{\partial x}{\partial q} \\ \dfrac{\partial y}{\partial p} & \dfrac{\partial y}{\partial q} \end{pmatrix} \begin{pmatrix} dp \\ dq \end{pmatrix}
$$

この2式より

$$
\begin{pmatrix} du \\ dv \end{pmatrix} = \begin{pmatrix} \dfrac{\partial u}{\partial x} & \dfrac{\partial u}{\partial y} \\ \dfrac{\partial v}{\partial x} & \dfrac{\partial v}{\partial y} \end{pmatrix} \begin{pmatrix} \dfrac{\partial x}{\partial p} & \dfrac{\partial x}{\partial q} \\ \dfrac{\partial y}{\partial p} & \dfrac{\partial y}{\partial q} \end{pmatrix} \begin{pmatrix} dp \\ dq \end{pmatrix}
$$

一方, $u = u(p,q),\quad v = v(p,q)$ と書けるから, 左辺は

$$
\begin{pmatrix} du \\ dv \end{pmatrix} = \begin{pmatrix} \dfrac{\partial u}{\partial p} & \dfrac{\partial u}{\partial q} \\ \dfrac{\partial v}{\partial p} & \dfrac{\partial v}{\partial q} \end{pmatrix} \begin{pmatrix} dp \\ dq \end{pmatrix}
$$

と書ける. したがって,

$$
\begin{pmatrix} \dfrac{\partial u}{\partial p} & \dfrac{\partial u}{\partial q} \\ \dfrac{\partial v}{\partial p} & \dfrac{\partial v}{\partial q} \end{pmatrix} = \begin{pmatrix} \dfrac{\partial u}{\partial x} & \dfrac{\partial u}{\partial y} \\ \dfrac{\partial v}{\partial x} & \dfrac{\partial v}{\partial y} \end{pmatrix} \begin{pmatrix} \dfrac{\partial x}{\partial p} & \dfrac{\partial x}{\partial q} \\ \dfrac{\partial y}{\partial p} & \dfrac{\partial y}{\partial q} \end{pmatrix}
$$

両辺の行列式をとり, ヤコビアンを用いて表すと

$$
\frac{\partial(u,v)}{\partial(p,q)} = \frac{\partial(u,v)}{\partial(x,y)} \frac{\partial(x,y)}{\partial(p,q)}
$$

ただし, 正方行列 A, B について $|AB| = |A||B|$ が成り立つことを用いた.

ヤコビアンの性質として

$$\frac{\partial(u,v)}{\partial(p,q)} = \frac{\partial u}{\partial p}\frac{\partial v}{\partial q} - \frac{\partial u}{\partial q}\frac{\partial v}{\partial p}$$

より

$$\frac{\partial(u,q)}{\partial(p,q)} = \frac{\partial u}{\partial p}, \quad \frac{\partial(p,v)}{\partial(p,q)} = \frac{\partial v}{\partial q}, \quad \frac{\partial(v,u)}{\partial(p,q)} = -\frac{\partial(u,v)}{\partial(p,q)}$$

などが示せる.

【例題】次式が成り立つことをヤコビアンの方法を用いて示せ.

$$\left(\frac{\partial P}{\partial V}\right)_T \left(\frac{\partial V}{\partial T}\right)_P = -\left(\frac{\partial P}{\partial T}\right)_V$$

【解答】

$$\left(\frac{\partial P}{\partial V}\right)_T \left(\frac{\partial V}{\partial T}\right)_P = \frac{\partial(P,T)}{\partial(V,T)}\frac{\partial(V,P)}{\partial(T,P)} = -\frac{\partial(P,T)}{\partial(V,T)}\frac{\partial(V,P)}{\partial(P,T)}$$

$$= -\frac{\partial(V,P)}{\partial(V,T)} = -\left(\frac{\partial P}{\partial T}\right)_V$$

ヤコビアンの方法は，n変数の場合にも拡張できて，次式が成り立つ.

$$\frac{\partial(u_1,u_2,...,u_n)}{\partial(p_1,p_2,...,p_n)} = \frac{\partial(u_1,u_2,...,u_n)}{\partial(x_1,x_2,...,x_n)}\frac{\partial(x_1,x_2,...,x_n)}{\partial(p_1,p_2,...,p_n)}$$

ここで

$$\frac{\partial(u_1,u_2,...,u_n)}{\partial(p_1,p_2,...,p_n)} = \begin{vmatrix} \dfrac{\partial u_1}{\partial p_1} & \dfrac{\partial u_1}{\partial p_2} & \cdots & \dfrac{\partial u_1}{\partial p_{n-1}} & \dfrac{\partial u_1}{\partial p_n} \\ \dfrac{\partial u_2}{\partial p_1} & \dfrac{\partial u_2}{\partial p_2} & \cdots & \dfrac{\partial u_2}{\partial p_{n-1}} & \dfrac{\partial u_2}{\partial p_n} \\ \vdots & \vdots & \ddots & \vdots & \vdots \\ \dfrac{\partial u_{n-1}}{\partial p_1} & \cdots & & \dfrac{\partial u_{n-1}}{\partial p_{n-1}} & \dfrac{\partial u_{n-1}}{\partial p_n} \\ \dfrac{\partial u_n}{\partial p_1} & \cdots & & \dfrac{\partial u_n}{\partial p_{n-1}} & \dfrac{\partial u_n}{\partial p_n} \end{vmatrix}$$

である.

4. 熱力学の応用

本章では，熱力学の応用として実在気体や気相の化学反応を論じ，ゴムや常磁性体への応用についても述べる．

4.1. 実在気体とファン・デル・ワールス状態方程式

2章では理想気体の熱力学を論じた．理想気体は，実在気体の近似理論である．気体の密度が低く，温度が高いときに良い近似となる．気体の密度が高くなると，気体分子が大きさを持つ効果を無視できなくなる．一方，温度が低くなると，気体分子間の相互作用が重要になる．たとえば，水蒸気を冷却すると水滴になる．この気体が液体になる効果は，気体分子間の相互作用を無視した理想気体では説明できない．

気体が液体になる効果を含む，実在気体の近似理論として提案されたのがファン・デル・ワールスの状態方程式である．本節では，ファン・デル・ワールスの状態方程式を導出し，実在気体の性質に関連した重要な結果を述べる．

まず，理想気体の状態方程式より

$$V = \frac{nRT}{P}$$

である．仮想的に圧力をどんどん高くしていったとしよう．このとき，右辺はゼロに近づいていく．もし，気体分子の大きさを無視したとすると，左辺もゼロになる．しかし，実際には気体分子は有限の大きさを持つ．そのため，Vには最小値$V_{\min}$が存在する．気体分子の数をNとすると，$V_{\min} = Nv_0$とおける．ここでv_0は，1つの気体分子の体積である．この式を，気体の物質量nを用いて$V_{\min} = nb$と書こう．bは1モルあたりの気体分子の体積で，$b = N_A v_0$である．$V_{\min}$を考慮すると，

$$V - nb = \frac{nRT}{P} \tag{23}$$

次に相互作用の効果を取り入れよう．2つの気体分子の間に働く相互作用エネルギーは，図 4-1(a)に示したような振舞いをする．気体分

子が離れているときは，相互作用エネルギーはほとんどゼロである．気体分子間の距離が近くなると引力的な相互作用が働く．さらに気体分子が近づくと，大きな斥力が働く．

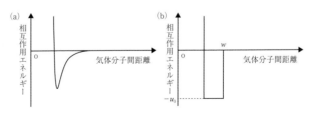

図 4-1

　この相互作用を図 4-1(b)のように簡単化する．気体分子間距離が w より近い距離でのみ，引力相互作用が働くとする．引力相互作用のエネルギーを $-u_0$ とおく．ここで $u_0 > 0$ である．

　1つの気体分子に着目しよう．この気体分子と相互作用する気体分子は，半径 w 内にある気体分子である．気体分子の粒子数密度が N/V だから，相互作用エネルギーは

$$-u_0 \cdot \frac{N}{V} \cdot \left(\frac{4\pi}{3} w^3 - v_0 \right)$$

である．（着目している気体分子の体積を考慮して，$-v_0$ の項を括弧内に含めているが，この項は無視できるほど小さい．）同様の考察を，N 個のすべての気体分子に適用すると，相互作用によるエネルギー U_{int} は

$$U_{\text{int}} = -\frac{1}{2} N u_0 \frac{N}{V} \left(\frac{4\pi}{3} w^3 - v_0 \right)$$

ここで，右辺の $1/2$ は，相互作用している 2 つの気体分子の対を 1 度だけ数えるために必要な因子である．

　u_0 や $\frac{4\pi}{3} w^3 - v_0$ が気体分子 1 個あたりの量であることに注意すると，物質量 n を用いて

$$U_{\text{int}} = -\frac{an^2}{V}$$

とおくことができる. 正の定数 a は気体分子 1 モルあたりの引力相互作用エネルギーに関係するパラメータである.

ところで,気体の圧力は,

$$P = -\left(\frac{\partial U}{\partial V}\right)_{S,N}$$

で与えられる. 内部エネルギーが相互作用エネルギーの分だけ変化することを考慮すると,気体の圧力のうち相互作用に起因する圧力 P_{int} は

$$P_{\text{int}} = -\left(\frac{\partial U_{\text{int}}}{\partial V}\right)_{S,N} = -\frac{an^2}{V^2}$$

となる. 気体分子間の引力相互作用によって,圧力が減少することになる.

式(23)より

$$P = \frac{nRT}{V - nb}$$

であるが,この圧力は気体分子間の相互作用がないときの圧力である. P_{int} による減少分を考慮すると

$$P = \frac{nRT}{V - nb} - \frac{an^2}{V^2}$$

変形して

$$\left(P + \frac{an^2}{V^2}\right)(V - nb) = nRT$$

この式をファン・デル・ワールスの状態方程式とよぶ. 気体分子 1 モルあたりの体積 $v = V/n$ を定義すると

$$\left(P + \frac{a}{v^2}\right)(v - b) = RT \tag{24}$$

と書ける.

理想気体とファン・デル・ワールス状態方程式に従う気体（ファン・デル・ワールス気体とよぶ）の違いを調べよう. 具体的に,気体の断熱自由膨張を考える. 2.7 節でみたように,理想気体の場合には温度が変化しない. ファン・デル・ワールス気体ではどうだろうか.

まず，内部エネルギーを求めておく．ファン・デル・ワールス気体の内部エネルギー U は，理想気体と比較して U_{int} の分だけ異なる．定積モル比熱を C_V おくと，

$$U = nC_V T - \frac{an^2}{V}$$

である．

さて，ファン・デル・ワールス気体が体積 V_1 から断熱自由膨張して体積 $V_2 (> V_1)$ になったとする．膨張前と後の温度を比較しよう．膨張前の温度を T_1，膨張後の温度を T_2 とする．2.7 節で論じたように，断熱自由膨張では内部エネルギーは不変である．したがって，

$$U = nC_V T_1 - \frac{an^2}{V_1} = nC_V T_2 - \frac{an^2}{V_2}$$

よって

$$T_2 - T_1 = \frac{an}{C_V}\left(\frac{1}{V_2} - \frac{1}{V_1} \right)$$

$V_2 > V_1$ だから，$T_2 < T_1$ である．すなわち，断熱自由膨張によって，気体の温度が低下する．この結果は直感的にも納得できる結果であろう．

次に，ファン・デル・ワールス状態方程式が実在気体のよい近似となっていることを示そう．ファン・デル・ワールス状態方程式は，理想気体の状態方程式と比較して，a,b という 2 つのパラメータを含んでいる．a,b はファン・デル・ワールス定数とよばれ，気体分子の種類によって異なる値をとる．

圧縮率因子

$$Z = \frac{Pv}{RT}$$

を定義すると，理想気体については，$Z=1$ である．ファン・デル・ワールス状態方程式を用いると

$$Z = \frac{v}{v-b} - \frac{a}{RT}\frac{1}{v} \tag{25}$$

となる．式(25)を

$$v_c = 3b,\ RT_c = \frac{8a}{27b},\ P_c = \frac{a}{27b^2} \tag{26}$$

を用いて規格化する．これらの定数については 5.4 節で説明する．$v = v_c\tilde{v},\ T = T_c\tilde{T},\ P = P_c\tilde{P}$ とおいて式(25)に代入し，整理すると

$$Z = \frac{3\tilde{v}}{3\tilde{v}-1} - \frac{9}{8\tilde{T}}\frac{1}{\tilde{v}}$$

となる．この表式は a,b をあらわに含んでいないことに注意しよう．Z の $\tilde{P}$ 依存性を

$$Z = \frac{3\tilde{P}\tilde{v}}{8\tilde{T}},\ \tilde{P} = \frac{8\tilde{T}}{3\tilde{v}-1} - \frac{3}{\tilde{v}^2}$$

の関係を用いて数値的に計算した結果を図 4-2 に示す．圧縮率因子は顕著な圧力依存性と温度依存性を示す．窒素，二酸化炭素，メタン，エタンなどさまざまな気体が，これらの曲線上にのることが実験的に確認されている．こうした気体分子間に普遍的な類似性が成り立つことを，**対応状態の法則**とよぶ．

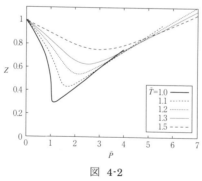

図 4-2

4.2. ジュール・トムソン効果

　ファン・デル・ワールス状態方程式の意義は，単に理想気体の状態方程式を改良したというだけではない．気体を液化する条件を明確にしたという点で，物理学の発展において非常に重要な貢献をした．ファン・デル・ワールスの理論が発表される以前，アンモニアや塩化水素などが液化されていた．しかしながら，他の気体を液化する条件に

ついては手探り状態であった.

　ファン・デル・ワールス状態方程式によって，気体を液化する条件が明確になり，酸素，窒素，水素などの液化が可能となった．さらに，最後まで液化できない気体だったヘリウムが，1908 年にカメルリング・オネス（H. Kamerlingh Onnes）によって液化され，1910 年ファン・デル・ワールスはノーベル賞を受賞している[5].

　オネスが用いた気体の冷却手法である，ジュール・トムソン効果について述べよう．図 4-3 に示したように，管の中に気体を封入する．管の両側にはピストンがあり，中は細孔栓によって２つの領域に仕切られている．最初，気体がすべて細孔栓の左側の領域にあり，体積 V_1，圧力 P_1 であったとする．このときの気体の内部エネルギーを U_1 とする．細孔栓の右側には気体がなく，ピストンは細孔栓と接触している．また，系全体は断熱壁でおおわれていると仮定する．

　左側のピストンを，圧力を一定に保ちつつ押して，細孔栓の右側に気体を移動させる．細孔栓によって，気体が通りにくくなっているため，細孔栓の左側と右側で圧力が異なる．細孔栓の右側でも圧力を一定にするとして，その圧力を P_2 とする．このようにして，左側のピストンを細孔栓に接触するまで押していく．気体がすべて細孔栓の右側に移動したとき，体積が V_2 になったとする．このときの内部エネルギーを U_2 とする．

　左側のピストンを押すために外からなした仕事は，P_1V_1 である．一方，気体は右側のピストンを押すことによって，外へ仕事 P_2V_2 をなす．断熱過程だから，熱力学第 1 法則により

$$U_2 - U_1 = P_1V_1 - P_2V_2$$

この式は

$$U_2 + P_2V_2 = U_1 + P_1V_1$$

と書ける．よって，エンタルピー $H = U + PV$ が不変である．すなわち，

---

[5] 一方，オネスは気体を液化する研究を通して，物体を極低温に冷却する手法を得た．このテクニックを用いて極低温における水銀の電気抵抗を測定し，電気抵抗がゼロとなる超伝導を発見している．

この過程（ジュール・トムソン過程とよぶ）は等エンタルピー過程である.

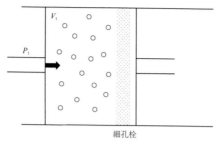

図 4-3

　圧力の違いによって, 気体の温度がどのように変化するかを調べよう. 等エンタルピー過程であることから, 気体の温度変化を特徴づけるのは, 次式で定義されるジュール・トムソン係数

$$\mu_{\mathrm{JT}} = \left(\frac{\partial T}{\partial P}\right)_H = \frac{\partial(T,H)}{\partial(P,H)} = \frac{\partial(T,H)}{\partial(T,P)}\frac{\partial(T,P)}{\partial(P,H)} = -\frac{\left(\dfrac{\partial H}{\partial P}\right)_T}{\left(\dfrac{\partial H}{\partial T}\right)_P} \tag{27}$$

である. 圧力差が ΔP のとき, 温度変化分 ΔT は $\Delta T = \mu_{\mathrm{JT}}\Delta P$ である. 細孔栓を通った気体の圧力は減少するから, $\Delta P < 0$ である. したがって, $\mu_{\mathrm{JT}} > 0$ であれば $\Delta T < 0$ となって気体の温度が下がる.

　式(27)において, 右辺の分母は定圧熱容量 $C_P = \left(\dfrac{\partial H}{\partial T}\right)_P$ である. 分子については, $dH = TdS + VdP$ およびマクスウェルの関係式を用いると

$$\left(\frac{\partial H}{\partial P}\right)_T = T\left(\frac{\partial S}{\partial P}\right)_T + V = -T\left(\frac{\partial V}{\partial T}\right)_P + V$$

よって, 次式が得られる.

$$\mu_{\mathrm{JT}} = \frac{1}{C_P}\left[T\left(\frac{\partial V}{\partial T}\right)_P - V\right] \tag{28}$$

【例題】理想気体について, $\mu_{\mathrm{JT}} = 0$ であることを示せ.

【解答】理想気体の状態方程式 $V = \dfrac{nRT}{P}$ を用いると,

$$T\left(\frac{\partial V}{\partial T}\right)_P - V = \frac{nRT}{P} - V = 0$$

よって，$\mu_{JT} = 0$である．

さて，ファン・デル・ワールス気体について，μ_{JT}を計算しよう．まずは，簡単化した近似計算をおこなう．ファン・デル・ワールス状態方程式より

$$V = \frac{nRT}{P + \frac{an^2}{V^2}} + nb = \frac{nRT}{P}\left(1 + \frac{an^2}{PV^2}\right)^{-1} + nb$$

ここで，aが小さいとして，aについて1次までで近似する．$|x| \ll 1$のときに成り立つ近似式$(1+x)^{-1} \simeq 1-x$を用いると

$$V \simeq \frac{nRT}{P} - \frac{nRT}{P}\frac{an^2}{PV^2} + nb$$

さらに，bも小さいと仮定しよう．このとき，第ゼロ近似では，Vは右辺第1項で近似できる．そこで，右辺第2項の分母のVをnRT/Pで置き換えると

$$V \simeq \frac{nRT}{P} - \frac{na}{RT} + nb$$

この式を用いると

$$T\left(\frac{\partial V}{\partial T}\right)_P - V \simeq T\left(\frac{nR}{P} + \frac{na}{RT^2}\right) - \left(\frac{nRT}{P} - \frac{na}{RT} + nb\right) = \frac{nb}{T}\left(T_{\text{inv}} - T\right)$$

ただし，$T_{\text{inv}} = \frac{2a}{bR}$とおいた．よって，$\mu_{JT} > 0$となるのは，$T < T_{\text{inv}}$のときである．ジュール・トムソン効果によって気体の温度を下げるには，温度をT_{inv}以下に下げればよい．T_{inv}を**反転温度**とよぶ．

　正確な計算を行うと図4-4の結果が得られる．P_c, T_cは式(26)で定義している．上で求めたT_{inv}は，$T_{\text{inv}}/T_c = 27/4$であり，グラフの右側で$P = 0$となる点に対応している．なお，後で論じるように，$T_c$は気体が液体になることが可能となる温度だが，$T_{\text{inv}}$が$T_c$よりもずっと高いこ

とが重要である．T_c よりもずっと高温で，気体の温度を下げることが
可能なのである．

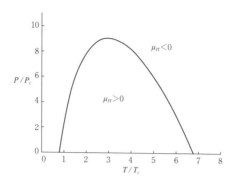

図 4-4

　さて，図からわかるように，$T < T_{inv}$ でないと，温度が降下する $\mu_{JT} > 0$
の領域が存在しない．また，圧力についても適切な値にしないと，
$\mu_{JT} > 0$ の領域に到達することができない．この図によって，ジュール・
トムソン効果によって，気体の温度を下げる条件が決まる．

　【例題】水素のファン・デル・ワールス定数は，$a = 0.0247 \mathrm{Pa \cdot m^6 \cdot mol^{-2}}$，
$b = 2.66 \times 10^{-5} \mathrm{m^3 \cdot mol^{-1}}$ である．T_{inv} を求めよ．

　【解答】$T_{inv} = \dfrac{2a}{bR} = \dfrac{2 \times 0.0247 \mathrm{Pa \cdot m^6 \cdot mol^{-2}}}{2.66 \times 10^{-5} \mathrm{m^3 \cdot mol^{-1}} \times 8.31 \mathrm{J \cdot mol^{-1} \cdot K^{-1}}} = 223\mathrm{K}$

　水素の場合，$-50\,℃$ 以下でないと，$\mu_{JT} > 0$ の領域が存在しない．フ
ァン・デル・ワールス定数のうち，b の値は分子による違いがほとん
どない．気体分子によって大きく変わるのは，相互作用と関係する a で
ある．水については，$a = 0.553 \mathrm{Pa \cdot m^6 \cdot mol^{-2}}$，$b = 3.05 \times 10^{-5} \mathrm{m^3 \cdot mol^{-1}}$ とな
って，$T_{inv} = 4360\mathrm{K}$ となる．一方，ヘリウムでは，$a = 0.00345 \mathrm{Pa \cdot m^6 \cdot mol^{-2}}$，
$b = 2.37 \times 10^{-5} \mathrm{m^3 \cdot mol^{-1}}$ と a が小さな値をとり，$T_{inv} = 35\mathrm{K}$ となる．

　【問題】ファン・デル・ワールス気体について，$P-T$ 平面上での
$\mu_{JT} = 0$ の境界線が

$$P = \frac{a}{b^2}\left(-\frac{3}{2}\frac{Rb}{a}T + \sqrt{\frac{8Rb}{a}T} - 1 \right)$$

で与えられることを示せ．

【解答】ファン・デル・ワールスの状態方程式

$$P = \frac{nRT}{V-nb} - \frac{an^2}{V^2}$$

より

$$dP = -\frac{nRT}{(V-nb)^2}dV + \frac{nR}{V-nb}dT + \frac{2an^2}{V^3}dV$$

$dP = 0$ とおいて，整理すると

$$\left[\frac{nRT}{(V-nb)^2} - \frac{2an^2}{V^3} \right]dV = \frac{nR}{V-nb}dT$$

この式を用いると

$$\left(\frac{\partial V}{\partial T}\right)_P = \frac{nR}{V-nb}\left[\frac{nRT}{(V-nb)^2} - \frac{2an^2}{V^3} \right]^{-1}$$

一方，$\mu_{JT} = 0$ の条件より式(28)から

$$\left(\frac{\partial V}{\partial T}\right)_P = \frac{V}{T}$$

この2式より

$$bRT = 2a\frac{(V-nb)^2}{V^2}$$

V について解くと

$$V = nb\left(1 - \sqrt{\frac{bRT}{2a}}\right)^{-1}$$

ファン・デル・ワールスの状態方程式に代入して整理すると

$$P = \frac{a}{b^2}\left(-\frac{3}{2}\frac{Rb}{a}T + \sqrt{\frac{8Rb}{a}T} - 1 \right)$$

図 4-4 はこの関数を図示したものである．

4.3. 化学反応系の平衡状態

　複数の気体が関与する化学反応では，熱平衡状態での成分比を与える質量作用の法則が知られている．この質量作用の法則を導出しよう．

気体は理想気体として扱う.

　通常の化学反応は，温度と圧力が一定の環境下でおこなわれる．そのため，3.13節で述べたように，平衡状態を明らかにするにはギブスの自由エネルギーが必要となる．ここで注意すべき点として，複数の理想気体が混合した場合，混合によるエントロピーの増大を考慮する必要がある．そこで，まずは理想気体の混合の問題を理解しよう.

　2種類の理想気体の混合を考える．図 4-5(a)に示したように，2種類の気体が，断熱壁で囲まれた体積Vの容器に封入されているとする．この混合気体の圧力をP，温度をTとする．それぞれの気体の物質量をn_1, n_2，圧力をP_1, P_2とすると，$P = P_1 + P_2$，$P_1V = n_1RT$，$P_2V = n_2RT$である.

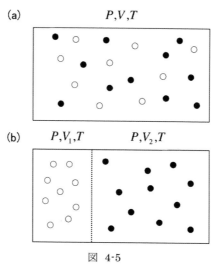

図 4-5

　さて，この2種類の理想気体が混合した状態が，図 4-5(b)に示したように，仮想的に2種類の気体が分離した状態から得られたとしよう．体積V_1, V_2の領域にそれぞれの理想気体が分離されているとする．2.7節の理想気体の断熱自由膨張と同様に考えると，内部エネルギーは変化しないから，混合前と混合後で温度は同じTである．ここで，2種類の理想気体間の相互作用は考えないことに注意しよう．分離されて

いるときの気体の状態方程式は，それぞれ

$$PV_1 = n_1 RT, \ PV_2 = n_2 RT$$

である．V_1 は $P_1 V = PV_1$ から定まる．すなわち，

$$V_1 = \frac{P_1}{P}V = \frac{P_1}{P_1 + P_2}V = \frac{n_1}{n_1 + n_2}V = Vx_1$$

ここで x_1 はモル分率 $x_1 = \dfrac{n_1}{n_1 + n_2}$ である．同様に，$x_2 = \dfrac{n_2}{n_1 + n_2}$ として，

$V_2 = Vx_2$ となる．理想気体の分圧 $P_j \ (j = 1,2)$ について，$P_j = Px_j$ が成り立つことを注意しておく．

ギブスの自由エネルギーは $G = n\bar{\mu}$ で与えられるから，混合による $\bar{\mu}$ の変化がわかればよい．2.6 節より

$$\bar{\mu} = N_A \mu = -RT\left[\log\left(\frac{V}{V_0}\right) + \frac{3}{2}\log\left(\frac{T}{T_0}\right)\right] \tag{29}$$

である．右辺の 3/2 は，単原子分子理想気体の場合の係数である．単原子分子理想気体でない場合，この係数は異なる．しかし，以下にみるようにこの係数は重要ではない．

理想気体の体積が V_j から V に変化したとき，化学ポテンシャルは

$$\Delta\bar{\mu} = -RT\left[\log\left(\frac{V}{V_0}\right) - \log\left(\frac{V_j}{V_0}\right)\right] = RT\log\left(\frac{V_j}{V}\right)$$

だけ変化することになる．したがって，ギブスの自由エネルギーは

$$\Delta G = n\Delta\bar{\mu} = nRT\log\left(\frac{V_j}{V}\right)$$

だけ変化する．$V_1 = Vx_1$，$V_2 = Vx_2$ を用いると，混合系のギブスの自由エネルギーの変化分は

$$\Delta G = n_1 RT\log x_1 + n_2 RT\log x_2$$

よって，混合系のギブスの自由エネルギーは

$$G = n_1\left(\bar{\mu}_1 + RT\log x_1\right) + n_2\left(\bar{\mu}_2 + RT\log x_2\right)$$

ここで $\bar{\mu}_j$ は，混合前の化学ポテンシャルである．3.12 節の例題より，

圧力 P と温度 T の関数として次式で与えられる.

$$\bar{\mu}_j(P,T) = \bar{\mu}_j^{(0)}(T) + RT \log P \tag{30}$$

ℓ 種類の理想気体の混合についても,同様にして

$$G = \sum_{j=1}^{\ell} n_j \left(\bar{\mu}_j + RT \log x_j \right)$$

となる.ただし,モル分率 x_j は次式で定義される.

$$x_j = \frac{n_j}{\displaystyle\sum_{i=1}^{\ell} n_i} \tag{31}$$

熱平衡状態がみたす条件は,このギブスの自由エネルギーが最小になることである.関心があるのは,各分子成分の物質量である.そこで,それぞれの分子の物質量が Δn_j だけ変化したときの,ギブス自由エネルギーの変化分を考察しておこう.上で導出した G の式より

$$\Delta G = \sum_{j=1}^{\ell} \Delta n_j \left(\bar{\mu}_j + RT \log x_j \right) + RT \sum_{j=1}^{\ell} n_j \Delta \left(\log x_j \right)$$

となるが,右辺第2項については

$$\sum_{j=1}^{\ell} n_j \Delta \left(\log x_j \right) = \sum_{j=1}^{\ell} \frac{n_j}{x_j} \Delta x_j = \left(\sum_{i=1}^{\ell} n_i \right) \sum_{j=1}^{\ell} \Delta x_j = \left(\sum_{i=1}^{\ell} n_i \right) \Delta \left(\sum_{j=1}^{\ell} x_j \right) = 0$$

となる.ただし,2番目の等号では式(31)を用いた.また,最後の等号では $\sum_{j=1}^{\ell} x_j = 1$ であることを用いている.したがって,次式が得られる.

$$\Delta G = \sum_{j=1}^{\ell} \Delta n_j \left(\bar{\mu}_j + RT \log x_j \right) \tag{32}$$

複数の理想気体の混合系について,ギブスの自由エネルギーの表式が得られた.この表式を用いて,化学反応における熱平衡状態を調べよう.ここで考えるのは,例えばアンモニアの合成反応

$$N_2 + 3H_2 \rightleftharpoons 2NH_3$$

である.少し一般化して

$$aA + bB \rightleftharpoons cC + dD$$

という化学反応を考えよう．a,b,c,dは係数で，A,B,C,Dは分子を表す．上記の例では，$a=1, b=3, c=2, d=0$，A=N_2，B=H_2，C=NH_3ということになる．

温度 T，圧力 P のもとで，分子 A,B,C,D それぞれのモル分率 x_A, x_B, x_C, x_D がみたす関係式を求めよう．分子 A,B,C,D のそれぞれの物質量を n_A, n_B, n_C, n_D とする．ギブスの自由エネルギーは

$$G = n_A\left(\overline{\mu}_A + RT\log x_A\right) + n_B\left(\overline{\mu}_B + RT\log x_B\right)$$
$$+ n_C\left(\overline{\mu}_C + RT\log x_C\right) + n_D\left(\overline{\mu}_D + RT\log x_D\right)$$

である．$\overline{\mu}_\alpha$（$\alpha = $A,B,C,D）は混合前のそれぞれの分子の化学ポテンシャルである．

さて，この化学反応では，A分子 a 個と B分子 b 個から，C分子 c 個と D分子 d 個が生成される．また，逆の反応も起こる．そこで，それぞれの分子の変化分を

$$\Delta n_A = a\Delta n,\ \Delta n_B = b\Delta n,\ \Delta n_C = -c\Delta n,\ \Delta n_D = -d\Delta n$$

とおく．式(32)の結果を用いると

$$\Delta G = \Delta n\left[a\left(\overline{\mu}_A + RT\log x_A\right) + b\left(\overline{\mu}_B + RT\log x_B\right) - c\left(\overline{\mu}_C + RT\log x_C\right) - d\left(\overline{\mu}_D + RT\log x_D\right)\right]$$

$\Delta G = 0$ の条件から

$$RT\log\left(\frac{x_A^a x_B^b}{x_C^c x_D^d}\right) = -a\overline{\mu}_A - b\overline{\mu}_B + c\overline{\mu}_C + d\overline{\mu}_D$$

が得られる．よって，

$$\frac{x_A^a x_B^b}{x_C^c x_D^d} = \exp\left(-\frac{a\overline{\mu}_A + b\overline{\mu}_B - c\overline{\mu}_C - d\overline{\mu}_D}{RT}\right)$$

となる．式(30)より，

$$\overline{\mu}_A(P,T) = \overline{\mu}_A^{(0)}(T) + RT\log P$$

などと書けるから，

$$\frac{x_A^a x_B^b}{x_C^c x_D^d} = P^{-a-b+c+d}K(T) \tag{33}$$

となる．ここで $K(T)$ は平衡定数で，次式で与えられる．

$$K(T) = \exp\left(-\frac{a\overline{\mu}_A^{(0)}(T) + b\overline{\mu}_B^{(0)}(T) - c\overline{\mu}_C^{(0)}(T) - d\overline{\mu}_D^{(0)}(T)}{RT}\right)$$

平衡定数 $K(T)$ が温度だけの関数であることに注意しよう．　式(33)を質量作用の法則とよぶ．分圧 $P_\alpha = Px_\alpha$ を用いて書き換えると，

$$\frac{P_A^a P_B^b}{P_C^c P_D^d} = K(T)$$

一般の化学反応

$$a_1X_1 + a_2X_2 + ... + a_mX_m \rightleftharpoons b_1Y_1 + b_2Y_2 + ... + b_nY_n$$

についても同様に，以下の式が成り立つ．

$$\frac{\prod_{i=1}^{m} x_{X_i}^{a_i}}{\prod_{j=1}^{n} x_{Y_j}^{b_j}} = P^{-\left(\sum_{i=1}^{m} a_i - \sum_{j=1}^{n} b_j\right)} K(T)$$

$$\frac{\prod_{i=1}^{m} P_{X_i}^{a_i}}{\prod_{j=1}^{n} P_{Y_j}^{b_j}} = K(T)$$

【例題】アンモニアの合成反応における，質量作用の法則は

$$\frac{x_{N_2} x_{H_2}^3}{x_{NH_3}^2} = P^{-2}K(T)$$

と書ける．アンモニアを多量に生成するための，圧力に関する条件を述べよ．

【解答】　高圧にする．高圧にすると，質量作用の法則において，右辺が減少する．したがって，左辺の分母が増加し，分子が減少することになる．すなわち，アンモニア量が増加する．

4.4. ゴムの熱力学

さまざまな系への熱力学の応用例として，ゴムの熱力学を考えよう．

ゴムの自然長からの伸びを x で表す．ゴムを張力 f で引っ張ると仮定する．ゴムの内部エネルギーを U とすると，x は示量変数だから

$$dU = TdS + fdx$$

である．ただし，ゴムの体積変化は無視している．張力 f はフックの法則を仮定すると

$$f = k(T)x \tag{34}$$

とかける．一般に係数 k は温度に依存する．ここでは，$k'(T) > 0$ を仮定する．[6]

　まず，ゴムの長さが変化したときの，エントロピー変化を調べてみよう．ヘルムホルツの自由エネルギー $F = U - TS$ を考えると

$$dF = -SdT + fdx$$

この式から得られるマクスウェルの関係式は

$$\left(\frac{\partial S}{\partial x}\right)_T = -\left(\frac{\partial f}{\partial T}\right)_x$$

式(34)を代入して

$$\left(\frac{\partial S}{\partial x}\right)_T = -k'(T)x$$

ゴムが自然長よりも伸びている場合は $x > 0$ だから，右辺は負である．よって，ゴムをさらに伸ばすとエントロピーが減少することがわかる．

　次に，断熱的にゴムを伸ばしたときの温度変化を考えよう．エントロピーが一定のもとで，温度の x 微分を考えればよい．

$$\left(\frac{\partial T}{\partial x}\right)_S = \frac{\partial(T,S)}{\partial(x,S)} = \frac{\partial(T,S)}{\partial(x,T)}\frac{\partial(x,T)}{\partial(x,S)} = -\left(\frac{\partial S}{\partial x}\right)_T\left(\frac{\partial T}{\partial S}\right)_x = \frac{k'(T)T}{C_x}x$$

ただし，$C_x = T\left(\dfrac{\partial S}{\partial T}\right)_x$ はゴムの伸びが一定のときのゴムの熱容量である．一般に $C_x > 0$ だから，右辺は正である．したがって，断熱的にゴムを伸ばすと，温度が上昇する．実際，太めのゴム（ゴム風船でよい）

---

6 ゴムを高分子が連なったものとしてモデル化して，統計力学を適用すると，フックの法則および $k'(T) > 0$ が示せる．

を勢いよく引き伸ばして，すばやく皮膚にあてると温かく感じる．

【例題】張力を一定に保ったまま温度を上げたとき，ゴムが縮むことを示せ．

【解答】張力 f が一定のもとで，x の温度微分を考えればよい．

$$\left(\frac{\partial x}{\partial T}\right)_f = \frac{\partial(x,f)}{\partial(T,f)} = \frac{\partial(x,f)}{\partial(x,T)}\frac{\partial(x,T)}{\partial(T,f)} = -\left(\frac{\partial f}{\partial T}\right)_x\left(\frac{\partial x}{\partial f}\right)_T = -\frac{k'(T)}{k(T)}x$$

右辺は負だから，張力を一定に保ったまま，温度を上昇させるとゴムが縮むことがわかる．

4.5. 常磁性体と断熱消磁

次に，常磁性体の熱力学を考察しよう．常磁性体の応用例として，極低温を実現する手法の1つである断熱消磁について述べる．

鉄などの強磁性体では，外部磁場 H をかけなくても磁化 M が有限である．一方，常磁性体では，M が H に比例し，

$$M = \chi H$$

となる．帯磁率 χ はキュリーの法則

$$\chi = \frac{C}{T}$$

に従う．ここで $C(>0)$ は定数である．この2つの式より

$$M = \frac{C}{T}H \tag{35}$$

となる．この式が，常磁性体の状態方程式である．3.6 節で述べたように，M は示量変数だから，理想気体と比較すると M と V が対応し，H と $-P$ が対応する．理想気体の状態方程式

$$V = \frac{nRT}{P}$$

と式(35)を比較すると，だいぶ様相が異なることがわかる．

常磁性体の内部エネルギーを U とする．常磁性体の体積変化を無視すると

$$dU = TdS + HdM$$

　まず，内部エネルギーが T のみの関数になることを示そう．上の式から

$$\left(\frac{\partial U}{\partial M}\right)_T = T\left(\frac{\partial S}{\partial M}\right)_T + H$$

が得られる．右辺第2項にマクスウェルの関係式を用いると

$$\left(\frac{\partial U}{\partial M}\right)_T = -T\left(\frac{\partial H}{\partial T}\right)_M + H$$

式(35)より，右辺がゼロになることがわかる．M, T を独立変数に選んだとすると，U は M に依存しないことになる．したがって，U は温度 T のみの関数となる．このことから，磁化一定のもとでの熱容量

$$C_M = T\left(\frac{\partial S}{\partial T}\right)_M = \left(\frac{\partial U}{\partial T}\right)_M = \frac{dU(T)}{dT} \tag{36}$$

も温度のみの関数であることがわかる.

　次に，S の表式を求めよう．マクスウェルの関係式より

$$\left(\frac{\partial S}{\partial M}\right)_T = -\left(\frac{\partial H}{\partial T}\right)_M = -\frac{M}{C}$$

積分して，

$$S = -\frac{M^2}{2C} + a(T)$$

右辺第2項は積分定数であり，T に依存してもよいことに注意しよう．式(36)より $C_M(T) = Ta'(T)$ が得られるから，

$$S = -\frac{M^2}{2C} + \int dT\,\frac{C_M(T)}{T}$$

右辺第2項は T のみの関数である．$C>0$ だから右辺第1項により，磁化 M が大きくなるとエントロピー S が小さくなることがわかる.

　磁化は小さな磁石である電子のスピンの方向がそろうと大きな値をとる．一方，スピンが乱雑な配置をとる場合には，逆に磁化は小さくなる．スピンの向きの乱雑さの度合いがエントロピーと関係している.

　さて，磁場を断熱的に変化させたときの温度変化を考えるために，

$\left(\dfrac{\partial T}{\partial H}\right)_S$ を計算する．ヤコビアンの方法を用いると

$$\left(\frac{\partial T}{\partial H}\right)_S = \frac{\partial(T,S)}{\partial(H,S)} = \frac{\partial(T,S)}{\partial(T,M)}\frac{\partial(T,M)}{\partial(T,H)}\frac{\partial(T,H)}{\partial(H,S)}$$

$$= -\left(\frac{\partial S}{\partial M}\right)_T\left(\frac{\partial M}{\partial H}\right)_T\left(\frac{\partial T}{\partial S}\right)_H = \frac{M}{C_H} = \frac{C}{C_H}\frac{H}{T}$$

ただし，C_H は定磁場での熱容量

$$C_H = T\left(\frac{\partial S}{\partial T}\right)_H$$

である．よって断熱の条件下では

$$T dT = \frac{C}{C_H}H dH$$

が成り立つ．C/C_H が定数の場合には，積分して

$$T^2 = \frac{C}{C_H}H^2 + const.$$

となる．したがって，磁場 H_1，温度 T_1 の状態から，断熱的に磁場を 0 にしたときの温度 T_2 は

$$T_2^2 = T_1^2 - \frac{C}{C_H}H_1^2$$

をみたす．よって

$$T_2 = T_1\sqrt{1 - \frac{C}{C_H}\frac{H_1^2}{T_1^2}}$$

このように磁場を 0 にすることで温度が低下することがわかる．最初にかけておいた磁場が大きいほど，温度の低下が大きい．

4.6. ブラックホールのエントロピー

　熱力学の応用例として，熱力学が理論に制約を与える例をあげよう．現代物理学における，最大の未解決問題の 1 つに，量子重力の問題がある．量子力学と重力の理論であるアインシュタインの一般相対性理

論を，統一的に記述する理論体系[7]が未だに存在しない．こうした壮大な問題の難点は，実験がほとんどないことである．このような状況では，理論の整合性を確かめることが重要になる．

　ホーキング（S. W. Hawking）は，ブラックホールの境界付近における量子ゆらぎを考慮して，ブラックホールが輻射を出していることを理論的に示した．ブラックホールが輻射を出し，最終的には蒸発してしまうことを示し，世界を驚愕させた．ブラックホールの質量を M，光速を c，重力定数を Gとして，輻射の温度は

$$T_H = \frac{\hbar c^3}{8\pi k_B GM}$$

で与えられる．$\hbar$はプランク定数 hを 2πで割った定数である．T_Hをホーキング温度とよぶ．太陽の質量を用いて計算すると，$T_H \approx 60\mathrm{nK}$ となる．より大質量のブラックホールになると，T_Hはさらに低くなる．

　ブラックホールには境界が存在する．質量 mの質点が，質量 Mの天体の中心から距離 rの点にあるとする．天体の重力から逃れて，無限遠まで到達するのに必要な速さ vは

$$\frac{1}{2}mv^2 - \frac{GMm}{r} = 0$$

によって決まる．質量 Mが巨大で vが光速に達するとき，

$$r = \frac{2GM}{c^2} \equiv r_h$$

となる．r_hはホライズン半径とよばれ，$r < r_h$の領域では光さえも外部へ出られないことを意味する．

---

[7] なお，量子力学と特殊相対性理論を統一することはディラック（P. A. M. Dirac）が成し遂げている．電子を記述する量子力学の方程式（シュレーディンガー方程式）を特殊相対性理論と整合するように拡張すると，電子がスピンをもつこと，および電子の反粒子が存在することが帰結される．電子の反粒子である陽電子の存在は実験的に確認されているが，その存在はディラックの理論によって予言されたのである．量子力学と一般相対性理論を統一したとき，どのような物理的な帰結が得られるか，非常に興味深い問題である．

　さて，ブラックホールに熱力学を適用してみよう．相対性理論の有名な関係式から，ブラックホールのエネルギーは

$$U = Mc^2$$

である．熱力学第 1 法則より

$$dU = c^2 dM = T_H dS = \frac{\hbar c^3}{8\pi k_B GM} dS$$

したがって，

$$dS = \frac{8\pi k_B GM}{\hbar c} dM$$

積分して，ブラックホールの表面積 $A_{BH} = 4\pi r_h^2$ を用いて表すと，

$$S = \frac{k_B}{4\ell_P^2} A_{BH} \tag{37}$$

ここで $\ell_P = \sqrt{\dfrac{\hbar G}{c^3}} \approx 1.616 \times 10^{-35}$ m はプランク長とよばれ，ℓ_P の長さスケールで重力への量子力学的効果が重要になると考えられている．式 (37)からわかるように，ブラックホールのエントロピーは，ブラックホールの体積ではなく表面積に比例するという特徴がある．しかも ℓ_P^2 を面積の単位としてエントロピーを勘定しているので，ブラックホールは巨大なエントロピーを有していることになる．

　ブラックホールのエントロピーの表式(37)は，ベッケンシュタイン–ホーキングエントロピーとよばれ，ブラックホールが有する基本的な性質と考えられている．重力と量子力学を融合するいかなる理論もエントロピーの表式(37)を再現できなければ，理論として失格である．理論の候補の 1 つが超弦理論だが，超弦理論ではエントロピーの表式(37)に相当する式が導出されている．

5. 相転移

　この世界が力学のみで支配されていたとすると，安定に存在する状態はエネルギーが最小の状態となる．しかし，3.13 節でみたように，有限温度での熱平衡状態は，ヘルムホルツの自由エネルギー $F = U - ST$ やギブスの自由エネルギー G が最小の状態である．したがって，高温ではエントロピー最大の状態が実現し，逆に低温ではエネルギーが最小の状態が実現する．エネルギーを下げることによる利得と，エントロピーを増大させることによる利得の競合により，多様な状態（相）が出現する．本章では，ある相から他の相へ変化する相転移現象について述べる．

5.1. 相

　水は温度や圧力が変化すると，さまざまな状態をとる．氷，水，水蒸気といった固体，液体，気体の状態がある．このように，成分が同じ（どの状態も H_2O 分子）でも，物理的性質の異なる熱平衡状態が複数存在し，他の熱平衡状態と物理的に区別できるとき，それぞれの熱平衡状態を**相**とよぶ．相が固体，液体，気体のいずれかであることを明確にする際には，固相，液相，気相とよぶ．

　固相，液相，気相以外にもさまざまな相がある．強磁性体は，キュリー温度と呼ばれる温度以上では，磁石にならない．外部から磁場をかけなければ，磁化が生じない．一方，キュリー温度以下の温度では，生じた磁化が外部磁場を取り去っても消失せず有限に残る．これら 2 つの状態は物理的に異なる状態であり，前者を常磁性相，後者を強磁性相とよぶ．

　ある種の金属では，十分に温度を冷すと電気抵抗がゼロになる．このような状態を超伝導相とよび，電気抵抗が有限である常伝導相とは異なる相である．

5.2. 相転移とその分類

　異なる相の間で状態が移り変わることを**相転移**とよぶ．液相にある水の温度を上げて沸点以上にすれば，水は水蒸気となる．すなわち，気相へと相転移する．

　そもそも，なぜ自然界にはこのような相転移が存在するのであろうか．通常，自然界での熱平衡状態を考えるときには，温度が一定の状況を想定すればよい．一定となる温度は，大気の温度や，海水の温度などである．こうした大気や海水といった巨大な環境の中にある系を考える．簡単のために，体積が一定の条件も付加しよう．3.13節でみたように，この場合の熱平衡条件は，

$$F = U - TS$$

が最小値をとる状態である．

　まず，低温の場合を考えてみよう．温度が低く，右辺第2項が無視できる場合には，Fを最小にする条件は，Uを最小にする条件として近似できる．したがって，エネルギーが最小となる状態が実現する．例えば原子の集団を考えよう．この原子の集団については，粒子間の相互作用エネルギーが最小になるような状態，すなわち固相が低温で実現する．

　では，高温の場合はどうだろうか．非常に高温で，第1項が第2項に比べて無視できる場合を考えよう．このとき，Fを最小にする条件は，Sを最大にする条件として近似できる．

　Sが最大になる状態を考えるために，温度が一定の場合の理想気体のエントロピーの表式を思い起こそう．nモルの理想気体のエントロピーは

$$S = nR \log\left(\frac{V}{V_0}\right)$$

と書くことができる．Vは気体分子が動き回ることができる領域の体積であり，V_0は定数である．この表式から，粒子が動き回ることのできる領域の体積が大きいほど，エントロピーが大きくなることがわかる．例えば，粒子が動き回れる領域の体積が $e^3 \approx 20$ 倍になると，エン

トロピーは $3nR$ だけ増加する．したがって，固体のように原子が動き回ることのできる体積が小さい状態よりも，気体のように原子が動き回ることのできる体積が大きい状態のほうが S が大きく，F を小さくできる．

　熱平衡状態がエネルギーの勘定だけで話がすむのであれば，この世界はひどくつまらないものになる．エネルギーが低い状態と，エントロピーが大きな状態が競合することで，この世界の多様性が生じている．こうして，自然界にはさまざまな相が存在することになるのである．

　状態変数の空間で，どのような相が実現するかを図示したものを相図とよぶ．固相，液相，気相が $P-T$ 平面上でどのように実現するかを簡略化して示した相図が図 5-1 である．この相図のいくつかの特徴については，5.5 節で考察する．

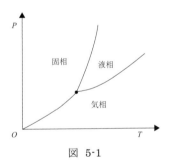

図 5-1

　さて，状態変数を変化させたとき，系が相転移を起こすとしよう．状態変数の空間のなかで，相転移が起きる点を**相転移点**とよぶ．相転移点では，系の物理量にさまざまな特徴的な振舞いが現れる．熱容量がとびを示したり，帯磁率が発散したりする．一般に，熱力学関数を状態変数で 1 階微分した物理量に，相転移点で不連続が現れる相転移を **1 次相転移**とよぶ．1 階微分は連続だが，2 階微分以上で得られる物理量に発散などの異常が現れる相転移を **2 次相転移**とよぶ．

　1 次相転移では，エントロピーが相転移点で不連続的に変化する．このため相転移において**潜熱**を伴う．相転移が起きる温度を T_c，相転

移点でのエントロピーのとびを ΔS とすると，$Q = T_c \Delta S$ の潜熱がある．例えば，固相から液相への相転移は 1 次相転移である．氷を溶かして水にするためには，1 モルあたり 6.01kJ の熱が必要となる．

　2 次相転移では，相転移点においてエントロピーは連続的に変化する．そのため，潜熱は存在しない．強磁性体における，常磁性相から強磁性相への相転移は 2 次相転移の例である．強磁性体の相転移点では，熱容量や帯磁率が発散する．

5.3. 1 次相転移とクラペイロン–クラウジウスの関係式

　1 次相転移の場合に成り立つ，クラペイロン–クラウジウスの関係式を導出しよう．1 気圧での水の沸点は $100℃$ だが，山頂のように圧力が低くなると沸点は下がる．このような 1 次相転移に関する関係式が，クラペイロン–クラウジウスの関係式である．

　気相と液相の間の 1 次相転移を考える．相転移点では，気相と液相が共存している．気相にある分子の物質量を n_g，液相にある分子の物質量を n_ℓ とする．分子の総量，$n_g + n_\ell \equiv n_0$ は一定とする．気相と液相の共存系が，温度 T，圧力 P の環境にあるとすれば，熱平衡条件はギブスの自由エネルギーが最小値をとる状態である．まず，この条件を明らかにしよう．

　1 モルあたりの気相の化学ポテンシャルを $\bar{\mu}_g(P,T)$，液相の化学ポテンシャルを $\bar{\mu}_\ell(P,T)$ とすると，ギブスの自由エネルギー $G = G(P,T,n_g,n_\ell)$ の無限小変化は

$$dG = -SdT + VdP + \bar{\mu}_g dn_g + \bar{\mu}_\ell dn_\ell$$

$dn_\ell = d(n_0 - n_g) = -dn_g$，および T,P が一定であることから

$$dG = \left(\bar{\mu}_g - \bar{\mu}_\ell \right) dn_g$$

よって，ギブスの自由エネルギーが最小値をとる条件から

$$\overline{\mu}_g(P,T) = \overline{\mu}_\ell(P,T) \tag{38}$$

この式が気相と液相の相転移点 (P,T) がみたす条件である.

さて, 相転移点 (P,T) の近傍に, 別の相転移点 $(P+dP,T+dT)$ がある とする. このとき, 式(38)より

$$\overline{\mu}_g(P+dP,T+dT) = \overline{\mu}_\ell(P+dP,T+dT)$$

この式と式(38)から

$$\overline{\mu}_g(P+dP,T+dT) - \overline{\mu}_g(P,T) = \overline{\mu}_\ell(P+dP,T+dT) - \overline{\mu}_\ell(P,T)$$

よって

$$\left(\frac{\partial \overline{\mu}_g}{\partial P} - \frac{\partial \overline{\mu}_\ell}{\partial P}\right)dP = -\left(\frac{\partial \overline{\mu}_g}{\partial T} - \frac{\partial \overline{\mu}_\ell}{\partial T}\right)dT$$

ここで

$$\frac{\partial \overline{\mu}_g}{\partial P} = \frac{\partial}{\partial P}\frac{\partial}{\partial n_g}G(P,T,n_g,n_\ell) = \frac{\partial}{\partial n_g}\frac{\partial}{\partial P}G(P,T,n_g,n_\ell) = \frac{\partial}{\partial n_g}V = v_g$$

および

$$\frac{\partial \overline{\mu}_g}{\partial T} = \frac{\partial}{\partial T}\frac{\partial}{\partial n_g}G(P,T,n_g,n_\ell) = \frac{\partial}{\partial n_g}\frac{\partial}{\partial T}G(P,T,n_g,n_\ell) = -\frac{\partial}{\partial n_g}S = -s_g$$

である. v_g は 1 モルあたりの気相の体積, s_g は 1 モルあたりの気相の エントロピーである. 同様に, 液相について v_ℓ, s_ℓ を定義すると,

$$\left(v_g - v_\ell\right)dP = \left(s_g - s_\ell\right)dT$$

よって

$$\frac{dT}{dP} = \frac{v_g - v_\ell}{s_g - s_\ell}$$

(P,T) が相転移点での値であることを明確にするために, (P,T) のかわ りに (P_c,T_c) と書こう. 相転移点における体積変化を $\Delta v = v_g - v_\ell$, 潜熱を

$q = T_c\left(s_g - s_\ell\right)$ と書くと

$$\frac{dT_c}{dP_c} = \frac{T_c \Delta v}{q}$$

となる．この関係式をクラペイロン–クラウジウスの関係式とよぶ．

【例題】水が蒸発するときの潜熱は $q = 4.07 \times 10^4\,\mathrm{J \cdot mol^{-1}}$ である．水蒸気と水の 1 モルあたりの体積差を $\Delta v = 3.0 \times 10^{-2}\,\mathrm{m^3 \cdot mol^{-1}}$ とする．気圧が $0.6 \times 10^5\,\mathrm{Pa}$ のときの沸点を求めよ．ただし，気圧が $1.0 \times 10^5\,\mathrm{Pa}$ での沸点を 100℃とする．

【解答】クラペイロン–クラウジウスの関係式より

$$\frac{dT_c}{dP_c} = \frac{(273 + 100)\,\mathrm{K} \times 3.0 \times 10^{-2}\,\mathrm{m^3 \cdot mol^{-1}}}{4.07 \times 10^4\,\mathrm{J \cdot mol^{-1}}} = 2.7 \times 10^{-4}\,\mathrm{K \cdot Pa^{-1}}$$

よって，気圧が $0.6 \times 10^5\,\mathrm{Pa}$ の場合の沸点 T_c の変化分は

$$\Delta T_c = 2.7 \times 10^{-4}\,\mathrm{K \cdot Pa^{-1}} \times \left(-0.4 \times 10^5\,\mathrm{Pa}\right) \approx -11\,\mathrm{K}$$

したがって，沸点は 11K さがって 89℃となる．なお，標高 4000m での気圧が，およそ $0.6 \times 10^5\,\mathrm{Pa}$ である．

5.4. 気体–液体相転移

気体–液体相転移を，ファン・デル・ワールス状態方程式を用いて詳しく調べてみよう．ファン・デル・ワールス状態方程式より，気体の圧力は

$$P = \frac{RT}{v - b} - \frac{a}{v^2}$$

で与えられる．v は 1 モルあたりの体積である．a, b は定数だから，P は T と v の関数として与えられている．温度を変えて，P の v 依存性を図示すると図 5-2 のようになる．ただし，式(26)を用いて規格化してある．

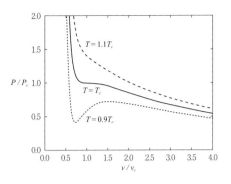

図 5-2

図の $T = 1.1T_c$ の場合のように，$T > T_c$ のとき P は単調に減少する関数である．この振舞いは，理想気体の場合と同様である．このとき，気体状態のみが実現する．

$T < T_c$ のとき，2 つの異なる v を持つ状態が可能である．図の $T = 0.9T_c$ の場合を見てみよう．まず，P の v 依存性について，3 つの領域にわけることができる．そのなかで，グラフが右上がりの領域，つまり $\dfrac{\partial P}{\partial v} > 0$ の領域があることがわかる．この領域では，体積を増すと圧力が増す．もしくは，気体にかけている圧力を増加させると，体積が増加する．これは物理的におかしいので，この領域ではファン・デル・ワールス状態方程式は正しくない．一方，この領域よりも体積が大きい領域は，気体状態に対応する．逆に，体積が小さい領域が液体状態である．圧力の値によっては，気体と液体が共存する領域が存在する．温度を上げていくと，共存状態における気体状態と液体状態の体積の差が小さくなっていき，$T = T_c$ で一致する．

P_c, v_c, T_c を求めよう．図 5-2 の $T = T_c$ のグラフからわかるように，$v = v_c$ の点は変曲点になる．よって

$$\left.\frac{\partial P}{\partial v}\right|_{v_c, T_c} = 0, \qquad \left.\frac{\partial^2 P}{\partial v^2}\right|_{v_c, T_c} = 0$$

が成り立つ．したがって，ファン・デル・ワールス状態方程式より

$$\left.\frac{\partial P}{\partial v}\right|_{v_c,T_c} = -\frac{RT_c}{\left(v_c-b\right)^2}+\frac{2a}{v_c^3}=0$$

$$\left.\frac{\partial^2 P}{\partial v^2}\right|_{v_c,T_c} = \frac{2RT_c}{\left(v_c-b\right)^3}-\frac{6a}{v_c^4}=0$$

この2式からT_cを消去すると，$v_c = 3b$を得る．この結果を，最初の式に代入して，$T_c = \dfrac{8a}{27bR}$が得られる．$v=v_c, T=T_c$でのPの値をP_cとすると，$P_c = \dfrac{a}{27b^2}$となる．液体と気体の区別がなくなる温度T_cを臨界温度，P_c, v_cをそれぞれ**臨界圧力，臨界体積**とよぶ．

　次に，気体と液体の共存状態が，どのようにして定まるかを考えよう．上述のように，ファン・デル・ワールス状態方程式には，$\dfrac{\partial P}{\partial v}>0$の領域がある．この領域は物理的に許されない．したがって，ファン・デル・ワールス状態方程式には補正が必要となる．

　ファン・デル・ワールス気体の自由エネルギーをFとおくと，

$$-\left(\frac{\partial F}{\partial V}\right)_T = P = \frac{nRT}{V-nb}-\frac{an^2}{V^2}$$

積分すると

$$F = -nRT\log\left(V-nb\right)-\frac{an^2}{V}+const.$$

定数部分は温度に依存するが，以下では温度一定のもとで考え，定数項は無視する．

　臨界温度以下でFの$v=V/n$依存性を図示すると図 5-3 の実線のようになる．図は$T/T_c=0.85$の場合を示している．$\dfrac{\partial P}{\partial V}=-\dfrac{\partial^2 F}{\partial V^2}$であることから，グラフにおいて，上に凸の領域は$\dfrac{\partial P}{\partial V}>0$となり，物理的に許されない状態である．この領域の左側が液体状態であり，右側が気体状態である．

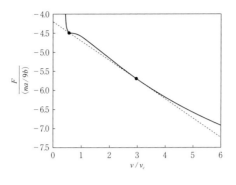

図 5-3

気体状態での F を F_g ，液体状態での F を F_ℓ と書こう．温度 T と圧力 P が一定のもとで，気体と液体が共存しているとする．この共存状態での気体の体積を V_g ，液体の体積を V_ℓ とする．圧力が P だから

$$P = -\left.\frac{\partial F_g}{\partial V}\right|_{V=V_g} = -\left.\frac{\partial F_\ell}{\partial V}\right|_{V=V_\ell}$$

よって，F_g および F_ℓ のグラフにおいて，接線の傾きが $-P$ となる点がそれぞれ V_g ，V_ℓ である．図 5-3 ではこれらの接線の接点を黒丸で表している．2 つの接点を，$\left(F_g, V_g\right)$ ，$\left(F_\ell, V_\ell\right)$ とすると，図から

$$P = -\frac{F_g - F_\ell}{V_g - V_\ell}$$

である．よって，

$$P\left(V_g - V_\ell\right) = -\left(F_g - F_\ell\right) = -\int_{V_\ell}^{V_g} dV \left(\frac{\partial F}{\partial V}\right)_T$$

ファン・デル・ワールス状態方程式の P を $P_{\mathrm{vdW}}(V,T)$ と書くと，$\dfrac{\partial P_{\mathrm{vdW}}}{\partial V} > 0$ の領域については，上の式を用いて，

$$P\left(V_g - V_\ell\right) = \int_{V_\ell}^{V_g} dV P_{\mathrm{vdW}}(V,T) \tag{39}$$

より，正しい P が定まる．

図 5-4 では F と $P = P_{\mathrm{vdW}}$ を上下に並べて図示している．図では，A，

Bの2つの領域の面積が互いに等しくなる圧力（破線）がPであることを示している．これは式(39)からの帰結である．式(39)の左辺で表されるP–V平面の面積と，右辺の面積が等しくなるようにPが定まる．これを，**マクスウェルの等面積則**とよぶ．

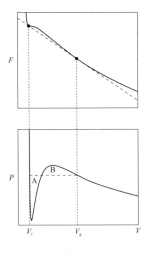

図 5-4

　マクスウェルの等面積則より，ファン・デル・ワールス状態方程式は，図 5-5 のように修正される．Pが一定の領域では，気体と液体が共存する．

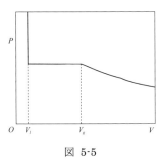

図 5-5

5.5. 気相-液相-固相相図

　図 5-1 で気相–液相–固相の相図を示した．この相図には，いくつかの特徴がある．これらを理解していこう．まず，気相と液相，気相と

固相，液相と固相の境界は $P-T$ 平面上の曲線で表されている．この点については以下のように理解できる．

2つの相 α,β が，温度 T，圧力 P のもとで共存しているとする．相 α,β の物質量を n_α,n_β とする．$n_\alpha + n_\beta = n_0$ が一定だとすると，ギブスの自由エネルギーは

$$G = G_\alpha\left(P,T,n_\alpha\right) + G_\beta\left(P,T,n_0 - n_\alpha\right)$$

G_α，G_β はそれぞれ相 α,β のギブスの自由エネルギーである．相 α,β の化学ポテンシャルを $\overline{\mu}_\alpha(P,T)$，$\overline{\mu}_\beta(P,T)$ とする．$dT = 0$，$dP = 0$ だから熱平衡の条件 $dG = 0$ より

$$\overline{\mu}_\alpha\left(P,T\right) = \overline{\mu}_\beta\left(P,T\right)$$

2つの相の境界を決める条件として，この1つの条件式が成り立つ．一方，パラメータは P,T の2つである．したがって，P と T の間に1つの関係式が成り立つから，2つの相の境界は $P-T$ 平面上で1次元的な曲線で表されることになる．

次に，図 5-6 に示したように液相と気相の相境界には，臨界点とよばれる特徴的な端点がある．この臨界点は，ファン・デル・ワールス状態方程式で計算した $\left(P_c,T_c\right)$ と対応する．気相と液相の区別は，密度の差でしかない．したがって，両者の密度の差がなくなるところでは，気相と液相の区別がなくなる．

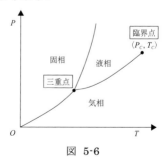

図 5-6

なお，固相と液相の相境界にはこのような端点が存在しない．固相では，分子は何らかの結晶構造をとっており，分子の密度は一様では

なく，周期的に変化する．一方，液相では，分子の密度は一様である．
このように，固相と液相は常に明確に区別されるから，固相と液相の
相境界に端点は存在しない．

さて，気相，液相，固相の3つの相が共存することは可能であろう
か．気相と液相の共存を考えた場合と同様に，これら3つの相が共存
する条件は

$$\bar{\mu}_g(P,T) = \bar{\mu}_\ell(P,T) = \bar{\mu}_s(P,T)$$

である．ここで，$\bar{\mu}_g, \bar{\mu}_\ell, \bar{\mu}_s$はそれぞれ気相，液相，固相の化学ポテン
シャルである．よって，2つの条件式が存在する．変数がP, Tで，2
つの条件式があるから，条件をみたすP, Tは存在したとしても1点し
かない．この点を三重点とよぶ．水の場合には，$T = 273.16\text{K}（0.01℃）$，
$P = 611.7\text{Pa}$が三重点[8]である．

5.6. ギブスの相律

温度T，圧力Pのもとで，多数の成分が混合し，熱平衡状態にある
状況を考えよう．成分の数をcとする．異なる相に分かれる場合も想
定して，この混合系がp個の異なる相に分離して熱平衡状態にあると
する．このとき，系の独立な変数の数fは

$$f = c - p + 2$$

で与えられる．この式をギブスの相律とよぶ．

ギブスの相律を導出しよう．α番目の相における，i番目の成分の物
質量を$n_i^{(\alpha)}$とする（添字が2つあるので，混乱しないように注意され
たい）．

まず，独立な変数の数を明らかにしよう．1つの相αに着目する．

相の性質は, 各成分のモル分率 $x_i^{(\alpha)}$ によって決まる[9]. $\sum_{i=1}^{c} x_i^{(\alpha)} = 1$ だから, それぞれの相で独立な自由度は $c-1$ となる. よって, 独立な変数の数は

$$2 + p(c-1)$$

となる. 2は P, T の寄与である.

温度 T, 圧力 P のもとでの熱平衡条件を考えるから, ギブスの自由エネルギー G が必要となる. 熱力学変数は T, P と, $n_i^{(\alpha)}$ である. よって,

$$G = G\left(T, P, n_1^{(1)}, n_1^{(2)}, ..., n_1^{(p)}, n_2^{(1)}, n_2^{(2)}, ..., n_2^{(p)}, ..., n_c^{(1)}, n_c^{(2)}, ..., n_c^{(p)}\right)$$

と書ける. T, P が一定だから, 熱平衡の条件 $dG = 0$ より

$$
\begin{aligned}
0 = &\frac{\partial G}{\partial n_1^{(1)}} dn_1^{(1)} + \frac{\partial G}{\partial n_1^{(2)}} dn_1^{(2)} + ... + \frac{\partial G}{\partial n_1^{(p)}} dn_1^{(p)} \\
&+ \frac{\partial G}{\partial n_2^{(1)}} dn_2^{(1)} + \frac{\partial G}{\partial n_2^{(2)}} dn_2^{(2)} + ... + \frac{\partial G}{\partial n_2^{(p)}} dn_2^{(p)} \\
&+ ... \\
&+ \frac{\partial G}{\partial n_c^{(1)}} dn_c^{(1)} + \frac{\partial G}{\partial n_c^{(2)}} dn_c^{(2)} + ... + \frac{\partial G}{\partial n_c^{(p)}} dn_c^{(p)}
\end{aligned}
$$

α 番目の相における, i 番目の成分の化学ポテンシャルを $\mu_i^{(\alpha)}$ と書く. 1モルあたりの化学ポテンシャルを $\bar{\mu}$ と書いていたが, 記号の煩雑さをさけるため, 以降 μ と書く. G を $n_i^{(\alpha)}$ で偏微分すると

$$\mu_i^{(\alpha)} = \frac{\partial G}{\partial n_i^{(\alpha)}}$$

だから

$$
\begin{aligned}
0 = &\mu_1^{(1)} dn_1^{(1)} + \mu_1^{(2)} dn_1^{(2)} + ... + \mu_1^{(p)} dn_1^{(p)} \\
&+ \mu_2^{(1)} dn_2^{(1)} + \mu_2^{(2)} dn_2^{(2)} + ... + \mu_2^{(p)} dn_2^{(p)} \\
&+ ... \\
&+ \mu_c^{(1)} dn_c^{(1)} + \mu_c^{(2)} dn_c^{(2)} + ... + \mu_c^{(p)} dn_c^{(p)}
\end{aligned}
$$

---

[9] カフェ・オ・レを作るとき, コーヒーと牛乳を混ぜる割合を変えると味がかわる. 味を決めるのは, それぞれの量ではなく比率である. カクテルについても同様である. 相の"味"を決めるのはモル分率である.

　ところで，それぞれの成分について全物質量が一定だから，i番目の成分について，すべての相にわたって和をとったものが一定となる．すなわち，

$$\sum_{\alpha=1}^{p} n_i^{(\alpha)} = const.$$

である．したがって，無限小変化分について，

$$\sum_{\alpha=1}^{p} dn_i^{(\alpha)} = 0 \tag{40}$$

が成り立つ．よって

$$dn_i^{(p)} = -dn_i^{(1)} - dn_i^{(2)} - ... - dn_i^{(p-1)}$$

と書けるから，この式を代入して

$$\begin{aligned}
0 = {} & \mu_1^{(1)} dn_1^{(1)} + \mu_1^{(2)} dn_1^{(2)} + ... + \mu_1^{(p-1)} dn_1^{(p-1)} \\
& -\mu_1^{(p)} \left[dn_1^{(1)} + dn_1^{(2)} + ... + dn_1^{(p-1)} \right] \\
& +\mu_2^{(1)} dn_2^{(1)} + \mu_2^{(2)} dn_2^{(2)} + ... + \mu_2^{(p-1)} dn_2^{(p-1)} \\
& -\mu_2^{(p)} \left[dn_2^{(1)} + dn_2^{(2)} + ... + dn_2^{(p-1)} \right] \\
& +... \\
& +\mu_c^{(1)} dn_c^{(1)} + \mu_c^{(2)} dn_c^{(2)} + ... + \mu_c^{(p-1)} dn_c^{(p-1)} \\
& -\mu_c^{(p)} \left[dn_c^{(1)} + dn_c^{(2)} + ... + dn_c^{(p-1)} \right]
\end{aligned}$$

ゆえに

$$\mu_1^{(1)} = \mu_1^{(2)} = ... = \mu_1^{(p)}$$
$$\mu_2^{(1)} = \mu_2^{(2)} = ... = \mu_2^{(p)}$$
$$...$$
$$\mu_c^{(1)} = \mu_c^{(2)} = ... = \mu_c^{(p)}$$

すなわち，それぞれの成分について $p-1$個の条件式がある．したがって，$2+p(c-1)$個の変数に $c(p-1)$個の条件式が存在する．ゆえに，残っている変数の自由度の数 f は

$$f = 2 + p(c-1) - c(p-1) = c - p + 2$$

となる．

　成分数が $c=1$で，相の数が $p=3$の場合は，$f = 1 - 3 + 2 = 0$ となる．水の三重点のように，3つの相が共存するのは，0次元空間，すなわち

点となる．成分数が $c = 1$ で，相の数が $p = 2$ の場合は，$f = 1 - 2 + 2 = 1$ となる．よって，2 相が共存するのは，1 次元空間，すなわち曲線となる．成分数が $c = 2$ で，相の数が $p = 2$ の場合は，$f = 2$ となる．

【参考文献】

○熱力学の教科書は数多く出版されている.標準的な教科書をいくつか挙げると

- ・エンリコ・フェルミ『フェルミ熱力学』(三省堂,1973 年)
- ・三宅哲『熱力学』(裳華房,1989 年)
- ・宮下精二『熱力学の基礎』(サイエンス社,1995 年)

○工学的な応用については,以下の本が詳しい.

日本機会学会『熱力学』(日本機械学会,2002 年)

○化学的な応用については,以下の本を参照されたい.

ピーター・アトキンス,ジュリオ・デ・ポーラ,『アトキンス 物理化学(上・下) 第 10 版』(東京化学同人 ,2017)

○注意深く書かれた教科書としては以下のものがある.

- ・佐々真一『熱力学入門』(共立出版,2000 年)
- ・田崎晴明『熱力学』(培風館,2000 年)
- ・清水明『熱力学の基礎』(東京大学出版会,2007 年)

○演習書としては,

- ・原島鮮『熱学演習―熱力学』(裳華房,1979 年)
- ・久保亮五編『大学演習 熱学・統計力学』(裳華房,1998 年)

○発展的な内容を含む本としては,例えば

イリヤ・プリゴジン,ディリプ・コンデプディ『現代熱力学―熱機関から散逸構造へ』(朝倉書店,2001 年)

○4.6 節の内容については,以下の本が読み物として面白い.

レオナルド・サスキンド『ブラックホール戦争 スティーヴン・ホーキングとの 20 年越しの闘い』(日経 BP 社,2009 年)

■著者紹介

森成　隆夫（もりなり・たかお）

出生年　　1971 年熊本県生まれ
最終学歴　1999 年東京大学大学院工学系研究科物理工学専攻博士
　　　　　課程修了　博士（工学）
主な経歴　1999 年京都大学基礎物理学研究所助手　2002 年イエー
　　　　　ル大学客員研究員を経て、現在、京都大学大学院人間・
　　　　　環境学研究科相関環境学専攻教授
主な研究領域　物性理論

熱力学の基礎 第 3 版

2015 年 4 月 20 日　初　版第 1 刷発行
2017 年 4 月 10 日　改訂版第 1 刷発行
2020 年 4 月 20 日　第 3 版第 1 刷発行
2023 年 3 月 20 日　第 3 版第 2 刷発行

■著　　者──森成隆夫
■発 行 者──佐藤　守
■発 行 所──株式会社 **大学教育出版**
　　　　　　〒 700-0953　岡山市南区西市 855-4
　　　　　　電話（086）244-1268代　FAX（086）246-0294
■印刷製本──モリモト印刷㈱

ISBN978-4-86692-076-4